U0250671

中国大科学装置出版工程

BEIJING TIME

BPL AND BPM NATIONAL TIME SERVICE SYSTEMS

北京时间

长短波授时系统

李孝辉 窦忠 赵晓辉 主编

浙江出版联合集团
浙江教育出版社·杭州

总 序

新一轮科技革命正蓬勃兴起，能否洞察科技发展的未来趋势，能否把握科技创新带来的发展机遇，将直接影响国家的兴衰。21世纪，中国面对重大发展机遇，正处在实施创新驱动发展战略、建设创新型国家、全面建成小康社会的关键时期和攻坚阶段。

在2016年5月30日召开的全国科技创新大会、两院院士大会、中国科协第九次全国代表大会上，习近平总书记强调，科技创新、科学普及是实现国家创新发展的两翼，要把科学普及放在与科技创新同等重要的位置。习近平总书记“两翼”之喻表明，科技创新和科学普及需要协同发展，将科学普及贯穿于国家创新体系之中，对创新驱动发展战略具有重大实践意义。当代科学普及更加重视公众的体验性参与。“公众”包括各方面社会群体，除科研机构和部门外，政府和企业中的决策及管理者、媒体工作者、各类创业者、科技成果用户等都在其中。任何一个群体的科学素质相对落后，都将成为创新驱动发展的“短板”。补齐“短板”，对于提升人力资源质量，推动“大众创业、万众创新”，助力创新型国家建设和全面建成小康社会，具有重要的战略意义。

科技工作者是科学技术知识的主要创造者，肩负着科学普及的使命与责任。作为国家战略科技力量，中国科学院始终把科学普及当作自己的重要使命，将其置于与科技创新同等重要的位置，并作为“率先行动”计划的重要举措。中国科学院拥有丰富的高端科技资源，包括以院士为代表的高水平专家队伍，以大科学工程为代表的高水平科研设施和成果，以国家科研科普基地为代表的高水平科普基地等。依托这些资源，中国科学院组织实施“高端科研资源科普化”计划，通过将科研资源转化为科普设施、科普产品、科普人才，普惠亿万公众。同时，中国科学院启动了“科学与中国”科学教育计划，力图将“高端科研资源科普化”的成果有效地服务于面向公众的科学教育，更有效地促进科教融合。

科学普及既要求传播科学知识、科学方法和科学精神，提高全民科学素养，又要求营造科学文化氛围，让科技创新引领社会持续健康发展。基于此，中国科学院联合浙江教育出版社启动了中国科学院“科学文化工程”——以中国科学院研究成果与专家团队为依托，以全面提升中国公民科学文化素养、服务科教兴国战略为目标的大型科学文化传播工程。按照受众不同，该工程分为“青少年科学教育”与“公民科学素养”两大系列，分别面向青少年群体和广大社会公众。

“青少年科学教育”系列，旨在以前沿科学研究成果为基础，打造代表国家水平、服务我国青少年科学教育的系列出版物，激发青少年学习科学的兴趣，帮助青少年了解基本的科研方法，引导青少年形成理性的科学思维。

“公民科学素养”系列，旨在帮助公民理解基本科学观点、理解科学方法、理解科学的社会意义，鼓励公民积极参与科学事务，从而不断提高公民自觉运用科学指导生产和生活的能力，进而促进效率提升与社会和谐。

未来一段时间内，中国科学院“科学文化工程”各系列图书将陆续面世。希望这些图书能够获得广大读者的接纳和认可，也希望通过中国科学院广大科技工作者的通力协作，使更多钱学森、华罗庚、陈景润、蒋筑英式的“科学偶像”为公众所熟悉，使求真精神、理性思维和科学道德得以充分弘扬，使科技工作者敢于探索、勇于创新的精神薪火永传。

中国科学院院长、党组书记 白春礼

2016年7月17日

前言

时间是一个基本物理量。

时间是科学研究和国家建设的重要技术支撑。世界上许多大国，都有自己国家独立的标准时间和完善的授时体系。我国的标准时间——北京时间，由中国科学院国家授时中心建立并保持。标准时间信息的传递，国外叫作时间服务，我国称为授时，由国家授时中心承担。授时历史悠久，古代授时有敲钟、击鼓等方式，现代授时主要通过无线电信号传输等方式实现。

国家授时中心的短波授时台，始建于1966年。它是我国早期的重大科技工程项目之一，其科学目标为：在我国内陆建立独立自主的授时系统，为发射人造地球卫星等重要应用领域提供可靠的时间保障。短波授时台于1970年基本建成，负责发播我国短波授时信号。

国家授时中心的长波授时台，始建于1972年。它是我国“六五”计划中的重点工程项目，其科学目标有两个：一是建立我国的原子时标准；二是提高授时精度，与当时国际授时新技术接轨，完善我国授时体系。国家授时中心于1979年建立我国原子时标准，实现时间标准由天文时到原子时的平稳过渡。长波授时台于20世纪80年代中期建成，1986年通过国家级技术鉴定，经国务院授权发播长波授时信号。长波授时台授时精度达到微秒（10^{-6}秒）量级，跨入世界先进行列，1988年获国家科学技术进步奖一等奖。

长短波授时台建成后，为我国人造卫星发射、回收，远距离运载火箭发射试验，神舟飞船发射、返回，探月计划实施，以及通信、测绘等领域的应用，提供了可靠的高精度时间保障。

国家授时中心完成长短波授时系统建设后，努力拓展授时新技术，开展新型原子钟研制、导航定位以及空间科学相关领域研究，探索建立地空立体化国家授时体系。

本书主要介绍长短波授时系统的组成和工作原理，以及长短波授时系统在国家建设和科学研究中发挥的作用，力图以通俗语言解答人们对于时间测量、时间特性和时间应用中的一些疑问。本书第一、三、六、八章由李孝辉研究员执笔，第二章由赵晓辉工程师执笔，第四章由董绍武研究员执笔，第五章由刘建国高级工程师执笔，第七章由窦忠研究员执笔。漆贯荣、刘次沅、曹玉玻、刘建荣、刘长虹参与策划和统稿讨论，并提出修改意见。

感谢为本书策划、编写、定稿、付梓做出贡献的所有同事。

陕西天文台原台长 漆贯荣

2015年7月

目录 MULU

第一章 时间的来龙去脉

从工程技术和科学研究角度来说，时间是人们为了比较事件发生的先后顺序而定义的一维坐标。为了比较事件发生的先后顺序，需要在一定范围内统一时间，因此，标准时间的产生和传递就成为使用时间的两个基本前提。时间与人类生活密切相关，时间测量技术与授时技术都是当代的前沿技术，反映当代科技的发展水平。

时间尺度是用来比较先后的一维坐标。

① 时间的起源：比较先后的标准

时间究竟是什么？时间概念从哪里来？这些问题难倒了古圣先贤，多少人绞尽脑汁而不得其解。实际上，在现代社会，时间的来源非常清楚。

(1) 什么是时间

在久到时间开始以前，还没有宇宙，没有空间，也没有时间，只有一个奇怪的点。这个点的体积无限小，但质量非常大，

图1-1　宇宙从大爆炸开始

引力也非常大，以至于连光线都被吸在里面，发不出光来，人们知道的物理定理在这里都失效了，这个点叫作奇点。奇点质量太大了，这里边，时间是停止的。

奇点静静地飘浮在那里，没有人知道它为什么在那，也没有人知道它要干什么，就那样静静地停在那里。

突然，“砰”的一声，奇点爆炸了。原子核、电子等形成物质的各种基本粒子一个接一个产生，这些粒子又相互结合、相互碰撞、相互分离，产生了各种物质。随后，逐渐形成星系。由于爆炸的冲击，这些星系一个接一个远离爆炸的中心。这个过程，就好像是推倒多米诺骨牌一样，一个事件导致另一个事件发生，慢慢就形成了宇宙。

宇宙经过一百三十多亿年演化，出现了人类。有一天，两个人发生了激烈争论，一个人说：“这朵黄色的花最先开放。”另一个人说：“不对，红色的花更早开放。”

他俩谁也不服谁，争论了好久都没有结果，只好去找族长。族长听完他俩的争辩，沉默不语，仰头看着天空，想了好半天，语重心长地说：“出现这个分歧一点也不奇怪，因为我们没有定义出时间。如果有了时间，我们只需要说出每件事发生的时间坐标，就可以比较它们发生的先后顺序了。”

“那么，族长，我们为什么不创造时间呢?”

“是呀！人类需要一个时间。”于是族长开始忙碌起来，他要创造时间。

族长集中了部落的几十位先知，成立了一个时间局，时间局的任务就是创造时间。他们绞尽脑汁，经过漫长的思索与漫长的讨论后，给出了时间的三条性质：

第一，时间的作用是打标记。制定时间要干什么？就是为了给事件打标记。这样，比较事件的时间标记，就可以知道事件发生的先后顺序了。

第二，时间要被大家承认。部落成员开展活动，大家要使用同一个时间。如果各自使用不同的时间，那么，时间对同一个事件的标记不同，就无法比较先后，时间也就失去了意义。

第三，时间要能被测量。我们制定一个时间，是要让大家都能使用。如果无法测量时间，那又怎么能够使用呢?

把时间的性质搞清楚后，他们很快确定了创造时间的方法：选一个起点，再选一个周期现象，对这个周期现象进行累计，这就是时间。

起点很容易确定，大家商议后决定选一个伟人的生日作为起点。至于周期现象，大家确实费了一番心思。

树上的年轮一年长一圈，这是一种周期现象，但观测这个现象要把树砍断，十分麻烦。喇叭花每天早上开放，也是一种周期现象，但喇叭花冬天就没有了。族长家的后院有个清泉，长年累月一滴一滴往外滴水，也是一种周期现象，但清泉在族长家，很多人无法观测。

最后，大家一致同意，用“日”这个周期现象。因为太阳升起一次就是过了一天，而且这种周期现象容易观测。这样，时间

图1-2 时间的产生随时代的发展而越来越精确

图1-3 感受温度的变化

就产生了，人们开始使用由太阳东升西落得到的时间标准指导生产生活。

这就是时间的起源。人们定义出一个时间尺度，将这个尺度作为比较事件发生先后的依据。这个时间尺度可以一直向前推到宇宙大爆炸，向后推到宇宙消亡。

(2) 时间的性质独一无二

时间独特的地方在于看不见、摸不着，但它却是客观存在的。如果仔细观察，我们可以看到时间的痕迹，感受到时间的作用。

“有一个东西，在你身边，但你却看不见，闻不着，抓不住，也尝不了。”这个谜语就说明了时间最独特的性质，主要体现在三个方面。

第一，我们可以通过观察时间引起的变化来感知时间的存在。

第二，时间只有一个方向变化，即我们常说的“时间一去不复返”。对于长度，我们可以从西安到北京，也可以从北京到西安。如果我们要称量一堆物体的质量，可以从这一堆里挑选任何一个称量，也可以反复称量。但对时间而言，我们只能处于现在，即过去的现在、现在的现在和将来的现在。

图1-4 在小路任意点，可以往各个方向走

图1-5 写不出正确的时间

图1-6 时间让一个牙牙学语的婴儿变成耄耋老人

第三，时间是不断变化的。我们给朋友写信问他家的桌子有多宽，他会写信告诉你，这些信息在你收到信后仍然是准确的。但如果你写信问他家的钟是几点，他回信时可能会非常头疼，因为时间在不断变化。

时间虽然看不到，但是，它无处不在，只要留心，我们就可以感受到时间。一个牙牙学语的婴儿变成耄耋老人，一粒种子生根发芽，这都是时间的作用。

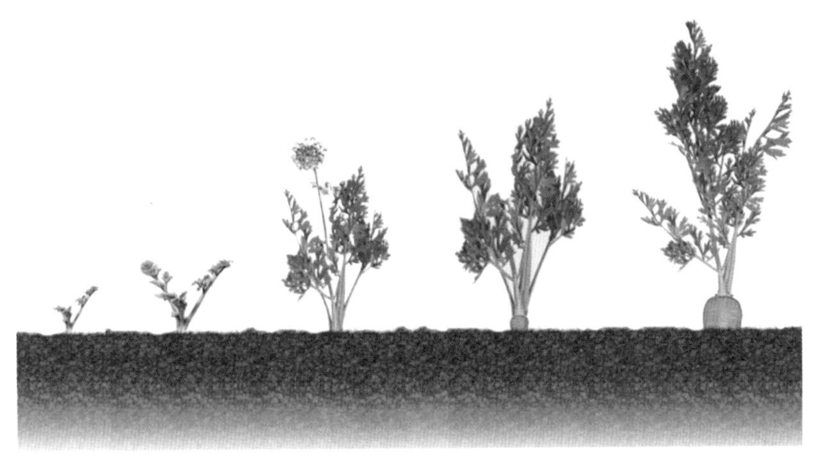

图1-7 时间让一粒种子生根发芽

图1-8　欢乐时刻感到时间飞逝

图1-9　失去自由的猿感觉度日如年

人们在感受时间时会加上自己的主观感觉，例如，欢乐的时刻会感到时间飞逝，痛苦的时候会感觉时间度日如年。

(3) 时间的方向一往直前

当我们做错了一件事，感到后悔万分时，会想让时间倒流，重新来过。但时间能倒流吗？正像世界上没有后悔药一样，时间是不会倒流的，这是由熵增加原理所决定的。实际上，如果仔细想一想，时间倒流的后果也是可怕的。

由物理定律可知，时间倒流是不可能发生的。这个物理定律就是熵增加原理。

熵是一个到处捣蛋的“怪物”，唯恐天下不乱。因为熵代表一个系统的无序程度，系统变得越乱，“熵怪物”就越高兴，因为它就会变得越大。这里的系统是一个泛指，如果你在一个房间内，房门一关，你与房间就组成一个系统。在物理学中，熵是针对原子、分子等微观粒子的运动而言的，这里的系统一般指与外界没有热量交换的独立系统，其中的分子、原子都是在做无规则的剧烈运动。在一个系统中，例如一个房间，如果这个房间越乱，它的熵就越大。

宇宙发展的制约可以用熵增加原理去解释。也就是说，一个封闭系统，它的熵是永远增加的。

例如，人在房间活动，人越活动，房间越乱，熵就越大。有人会问，只要把房间收拾干净，那熵不就减小了吗？事实上，虽然房间看起来整洁了，但你收拾房间要耗费很多能量，要发热，房间里的温度升高，气体分子、你自身的生理反应反

图1-10 房间越整齐熵越小

图1-11 房间越乱熵越大

而会将房间的熵变得更大。即使人不活动，房间里各种分子、原子也会把房间搞乱，它的熵还是在增加。熵增加原理也解释了为什么只有玻璃杯掉在地上摔碎，而不会有一堆碎玻璃自动形成玻璃杯，因为碎玻璃更加无序，它的熵大，没有外界干预的情况下逆过程是不可能的。

熵增加原理告诉我们，宇宙的发展演化是单向的，一直朝着一个方向发展下去。为了比较宇宙发展中出现的一个又一个事件，人们创造了时间，时间也是单向的。

图1-12 熵增加是碎玻璃不会自动变完整的原因

② 时间的测量：当代最精密的仪器

时间标准定了以后，需要运用工具对其进行测量。随着时代的发展，人们对时间标准的要求越来越高，时间测量的工具也越来越精确。时间测量工具的发展体现了科学技术的发展，从最早的日晷、沙漏到现在纳秒精度的原子钟，都是人类智慧的结晶。

（1）使用太阳测量的时间

太阳斜射，照在物体上形成影子。古人通过观察这种现象，形成了时间观念的基础。根据影子变化测量时间的工具逐渐产生。在不同时期，对测量的要求不同，也就产生了不同的日影测时仪器。

在古代，农业生产对人类的生存至关重要，合理安排农时是非常重要的一件事情，这就要求人们对回归年进行准确的测量，以便合理安排农时，满足人们生产的需要。

此外，在生产力低下的古代，人们无法理解很多自然现象，认为天是神秘的，要对天保持敬畏，就需要祭祀上天。祭祀也要求选择恰当的时间。

为了测量季节变化，古人花费了很多精力，想了很多办法。

巨石阵是欧洲著名的史前时代文化神庙遗址，巨石阵对于考古学界来说一直是一个谜。有研究认为，巨石阵是史前人类测量

图1–13 巨石阵

图1-14　万神庙

时间的一种工具。当太阳照耀在巨石阵的某个部位时，人们就可以知道某个重要时刻的到来。

古希腊有个万神庙，万神庙的屋顶有个大洞，这个大洞是古人用于测量季节的。例如，阳光通过屋顶的洞射入屋内，当正午的阳光照亮万神庙的大门时，说明冬至到了，神圣的祭祀活动始于此时。

巨石阵和万神庙都属于粗疏的测量季节的装置，而中国人发明的圭表属于比较精细的装置。

圭表是中国古代观测天象的仪器，出现于公元前7世纪，由“圭”和“表”两个部件组成，直立于平地上的标杆或石柱，叫作“表”；正南正北方向平放的测定表影长度的刻板，叫作“圭”。由于圭为南北方向，当太阳自东向西运动时，只有正午时分，表的影子才会正好投射到圭上。此外，由于地球公转时，北半球阳光直射点的南北移动，同一地点每天正午的表影长度都不相同。根据表影长度的变化规律，就可以知道一年的长度。

图1-15　圭表

图1-16　登封观象台的量天尺

早在《周礼》中就有关于使用土圭的记载，可见圭表的历史相当久远。我国现存最早的圭表是1965年在江苏仪征一座东汉墓葬中出土的一件袖珍铜制圭表，它由高19.2厘米的表和长34.39厘米的圭组成，圭、表之间有枢轴相连，可以将表平放在盒子里，和圭装在一起，方便携带。

元代天文学家郭守敬在河南登封设计并建造了一座测景台，即河南登封观象台。它是中国现存最早的天文台。整个观象台相当于一个测量日影的圭表。高耸的城楼式建筑好似一根竖在地面的杆子，称为“表”；台下有一个类似长堤的构造，相当于测量长度的尺子，称为“圭”，也叫作量天尺。量天尺长31.19米，位于正北方向。每天正午，太阳光照在横梁上，影子投射在量天尺上。通过测量一年当中影子长度的变化，可以确定一年的长度。圭表测时的精度与表的长度成正比。这个巨大的圭表测量精度很高，当时测出的年长度，欧洲在300年后才达到同样的精度。

圭表只能测量季节的变化，随着活动节奏的加快，人们需要知道一天内更精细的时间区分。因此，人们发明了日晷。日晷主要是根据日影的位置来确定当日的时辰或刻数，对一天进行细分。

日晷通常由铜制的指针和石制的圆盘组成。铜制的指针叫“晷针”，垂直地穿过圆盘中心，起着圭表中立竿的作用，因此，晷针又叫“表”。

图1-17　赤道式日晷

最常见的日晷是赤道式日晷，石制的圆盘叫作“晷面”，安放在石台上，南高北低，使晷面平行于赤道面，这样，晷针的上端正好指向北天极，下端正好指向南天极。在晷面的正反两面刻画出12个大格，每个大格代表两个小时。当太阳光照在日晷上时，

图1-18 纪念碑最初就是一种日晷

晷针的影子就会投向晷面，太阳由东向西移动，投向晷面的晷针影子也慢慢地由西向东移动，以此来显示时间。晷针影子就像现代钟表的指针，晷面就像现代钟表的表面。

除了赤道式日晷，还有地平式日晷，晷面水平放置，晷针指向北天极。在高纬度地区，人们经常使用环式日晷，晷针指向北天极，晷面是环形朝南。此外，还有挂在墙上的垂直日晷，晷面垂直，晷针斜向下。

高高的纪念碑以前也是日晷的一种。纪念碑是晷针，广场上的小柱子就是刻度，后来在上面刻字，慢慢演变成今天的纪念碑。

(2) 用水和火测量时间

现代的一刻钟定义为15分钟，其实它来源于一种被称为漏刻的计时仪器。圭表、日晷等太阳钟操作简单，原理也不复杂，但是其最大的缺点就是在阴雨天气或者夜晚无法使用，于是人们开始寻找其他的计时方法。计时水钟应运而生，这就是漏刻。

据《漏刻经》记载：“漏刻之作，盖肇于轩辕之日，宣乎夏商之代。”说明早在公元前三四千年，我们的祖先就用漏刻这种滴水的器具来计时了。

漏刻的发明是古人受到容器漏水现象启发的结果。在新石器时代的早期，我们的祖先已能制作陶器。陶器在使用时难免会有破损裂缝，某些盛水的陶器可能因破损而漏水，而水的流失与时间的流逝有着一定的对应关系，古人就利用这种方法来计时。

漏，是指盛水的漏壶；刻，是指放在漏壶里的标尺，上面刻有计时的标尺，标尺漂浮在水面上。漏壶里的水会一滴一滴地滴出，水面就会下降，漏壶里的标尺也随之下降，根据标尺下降距离就可以确定时间。

最早的漏刻是简单的单只泄水型漏壶。它就是一只壶，在靠近底部的一侧有一个出水孔。将刻箭置于壶中，随着水面的下降，刻箭缓缓下沉从而显示时间的变化。因此，这种漏刻也称为沉箭漏。

沉箭漏在先秦时期就已广泛使用。先秦漏刻大多与军事活动有关，军事调度需要有统一的时间，这无疑促进了漏刻的发展。用于军事上的漏刻必须便于携带，故其尺寸不会很大。最常用的漏刻就是“一刻之漏”，即每漏完一壶水的时间为一刻。古代将一昼夜分为100刻，一刻相当于现在的14.4分钟，后来发展演变为一昼夜96刻，一刻变为15分钟。

沉箭漏受环境因素的影响较大，是漏刻发展的初级阶段。后来，出现了浮箭漏。浮箭漏是由两只漏壶组成，一只是播水壶（亦称供水壶或泄水壶），另一只是受水壶。受水壶内装有指示时刻的箭尺，故通常称为箭壶。箭壶承接由播水壶流下的水，随着壶内水位的上升，安在箭舟上的箭尺随之上浮，所以称作浮箭漏。由于箭尺不直接放在播水壶中，故可以采取措施来保持播水壶内水位的稳定，从而保证流量的稳定，以提高计时精度。

图1-19　沉箭漏

后来，又出现使用多个补给水壶的多级漏壶。用三个及以上漏壶，自上而下放置，使最上面一个壶中的水流入第二壶，再由第二壶流入第三壶，以此类推，逐一补给直至最后一壶（泄水壶）流入箭壶。箭壶中的水

图1-20　浮箭漏

图1-21　多级漏壶

连同箭舟慢慢升起。由于得到上面几级漏壶的补给，最后一级壶中的水位可大体保持稳定不变，从而进一步提高了计时精度。

公元前100年，雅典出现以一天24小时为基础的机械漏刻。公元100年，东汉张衡发明的二级水钟，实现了当时最为精密的时间测量，每天的误差约40秒钟。

漏刻属于时间间隔的计量仪器，主要测量两个正午之间的时间，在正午可以根据太阳的位置对漏刻的时间进行校准。将一天进行更细的划分是人类对时间测量的一大进步，在公元前700年，巴比伦人就已经将一天分成24小时，每小时60分钟，每分钟60秒。这种计时方式后来传遍全世界，并一直沿用至今。

由于漏刻利用水流动计时，在非常寒冷的天气，滴水成冰，漏刻就无法计时。于是，人们把水换成沙子，沙漏由此诞生。

沙漏可能是人们使用时间最长的计时器具，由于历史悠久，沙漏已经成为时间的象征，人们经常画一个沙漏来表示时间。沙漏的原理与漏刻大体相同，它是根据流沙从一个容器漏到另一个容器的数量来计量时间的。由于无水压限制，也不会结冰，计时也比漏刻更精确，因此，沙漏出现以后，很快就取代了漏刻，被广泛应用。

在古代，人们白天一般可以靠观察太阳的“移动”来测量时

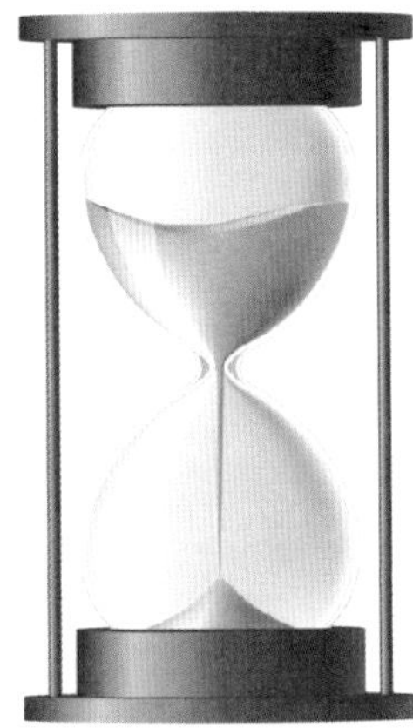
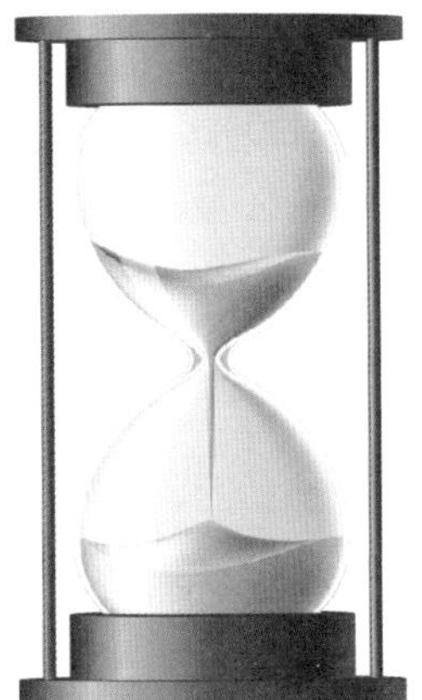
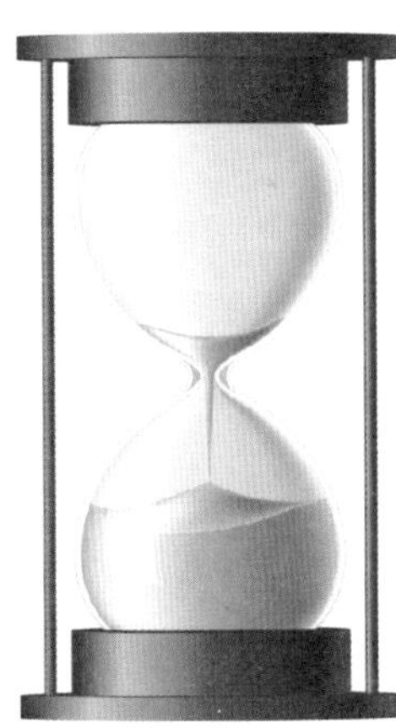

图1-22　沙漏靠沙子流完的时间进行计时

间，但夜里漆黑一团，用什么来计时呢？人们发现，一定数量的同一种燃料，燃烧的时间大致相同，于是发明了火钟。

有一种火钟叫“定时蜡”，蜡烛本身的燃料数量已经确定，在燃烧时，只要周围环境变化不大，蜡烛燃烧的速度基本相同，那么烧完一支蜡烛的时间也就大体相同。只要在蜡烛上刻上相应的记号，就可以用它来测量时间间隔了。

火钟虽然与我们现代的钟表一样，是一种计量时间间隔的工具，但其计时的精度不高。因为火钟的燃烧速度总是取决于燃烧条件，而且制造出完全相同的蜡烛、盘香更是不可能的事，燃烧

图1-23　定时蜡

图1-24　船形火闹钟

材料和燃烧条件两个因素都不确定，燃烧速度也在变化，计时精度就低了。火钟还需要人们定期看管，所以用火钟来计时，具有一定的局限性，这就促使人们继续探索发明更精确的计时器。

(3) 人造机械周期测量时间

摆钟是人类制造的第一种机械钟，它利用了单摆的周期摆动现象，标志着人们从利用自然界的周期现象转变为自己制造周期现象，这是科技发展的一大进步。

说到摆钟的历史，不得不提古希腊学者亚里士多德。很大程度上说，他使摆钟的发明耽误了上千年。因为亚里士多德认为，单摆摆动的幅度越大，来回的时间越长。按照这个道理，是无法利用单摆摆动现象计时的。

直到1582年的一天，18岁的医科学生伽利略去教堂祈祷，大厅里只有牧师的声音。伽利略抬头看着天花板，他注意到一盏从教堂顶端悬挂下来的吊灯，被风吹得左右摇晃。

这本来是件很平常的事，却引起了伽利略极大的兴趣。他目不转睛地盯着摆动的吊灯，尽管吊灯摆动的振幅逐渐减小，但往返一次所需要的时间似乎都一样。他用右手按着左腕的脉，计算着吊灯摆动一次脉搏跳动的次数。一开始，吊灯摆动得很快，渐

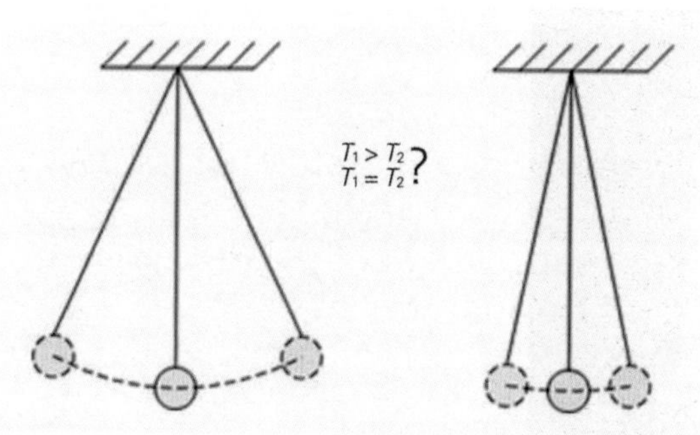

图1-25 亚里士多德认为摆动时间与摆动幅度相关

渐地，它慢了下来，可是，每摆动一次，伽利略发现自己脉搏跳动的次数是一样的。这个意外的发现，使伽利略迷惑了。

亚里士多德认为摆经过一个短弧比经过长弧所用时要短，谁也没有怀疑过。伽利略心想，自己的感觉是正确的吗？难道是自己的眼睛出了毛病？这是怎么回事？他再也坐不下去了，迫不及待地回去进行实验。他先找来两根一样长的绳子，在末端各系一块相等质量的铅块来做实验，接着，他又用不同长度的绳子、铁链继续做实验。

最后，伽利略得出结论：亚里士多德的结论是错误的，决定摆动周期的是绳子的长度，和它末端的物体质量没有关系。相同长度的摆绳，振动的周期是一样的。这就是著名的“摆的等时性原理”。

伽利略发现单摆的等时性后，就想根据这个原理制造出准确的时钟。然而，伽利略思考了一辈子，也想不到用摆来制作钟表的好办法。直到1656年，惠更斯制作出世界上第一台摆钟，并于两年后出版了一本描述摆钟原理的专著《时钟》。

惠更斯制造出摆钟的原因在于他使用了擒纵器。

一个摆钟包括三个部分。几个齿轮和指针构成摆钟的计数装置，累计时、分、秒信息。重锤依靠重力作用下落，带动齿轮旋转，提供整个摆钟的动力基础，成为动力装置。单摆来回摆动，提供摆钟工作的周期现象。

将单摆的摆动周期转化为钟表的走时周期，这要靠擒纵器来实现。擒纵器是钟表制造史上非常重要的发明，总体上说，擒纵器就是擒一下，放一下，使齿轮运动的周期与单摆周期或者游丝周期相同。在一个钟表里面，齿轮中有动力装置，带动齿轮按照逆时针方向转动，单摆控制推杆A和推杆B，使齿轮在单摆的一个周期转动固定的轮齿数。擒纵器的工作过程如图1—28所示。

首先，当单摆处于最右边时，单摆摆动带动推杆A和轮齿接

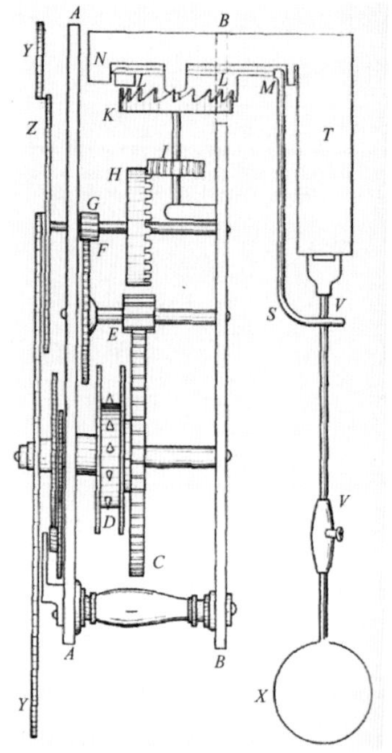

图1-26　惠更斯的摆钟设计图

图1-27　组成摆钟的单摆、动力装置和计时装置

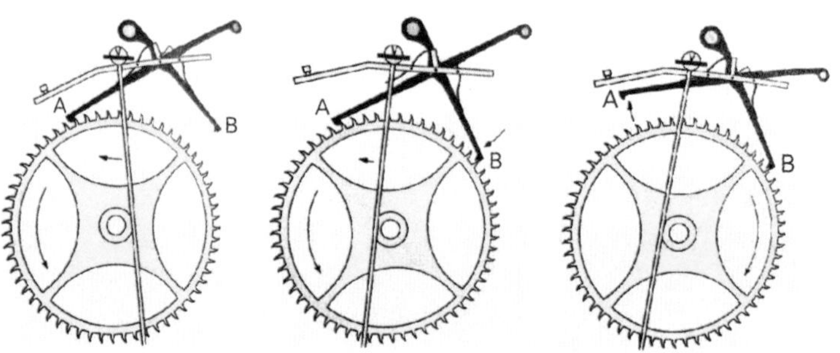

图1-28　擒纵器工作的三步骤

触，齿轮不动。然后，单摆向左边移动，推杆A松开轮齿，齿轮在重物的牵引下开始转动。转动几个齿后，单摆就会摆到中间，带动推杆A和推杆B都与轮齿接触，又把齿轮锁上，齿轮停止转动。当单摆再向左移动，推杆A松开，推杆B锁紧齿轮，齿轮继续

静止。等到单摆从最左边向右运动时，会带动推杆B放开，这样齿轮就会再转动几个齿，等单摆摆到中间时又会把齿轮锁死，直到单摆运动到最右边。这样，擒纵器控制齿轮按照固定周期转动，形成钟表的计时基础。

擒纵器的起源可以追溯到我国宋朝苏颂设计的水运仪象台。水运仪象台有一套比较复杂的齿轮传动系统。在枢轮的上方和圆周旁有擒纵机构——“天衡”装置，这是计时机械史上一项重大创造，它把枢轮的连续旋转运动变为间歇旋转运动。

水运仪象台的齿轮传动系统可以说是一种最早的机械摆轮，是已知的以机械运动的周期作为计时标准的最早尝试。由于是通过水流计时，而不是通过机械装置本身的运动计时，因此，也可以把它看作是从稳定的流水计时到机械振动计时的过渡。可惜的是，苏颂制造的水运仪象台并没有留下详细的资料。

图1-29　水运仪象台

中世纪时期，中国时钟制造技术传到欧洲，启发欧洲人制造出类似的装置。随着经典物理学的发展，人们发现了弹簧振子、单摆等的机械振动具有固定的周期。可以通过测量和计算物体机械振动的固有周期来计量时间，这就是机械钟表的计时原理。

然而，摆钟在陆地上精度很高，但在海上却不能使用，因为船在海上的摇晃和摆长的热胀冷缩会导致摆钟出现很大偏差。在大航海时代，海上导航定位对计时的要求更高，刺激欧洲人研制海上使用的精密机械钟，很多欧洲国家设大奖鼓励人们进行海上使用的精密时钟的研究。1762年，英国哈里森研制出第四代航海钟，解决了当时的海上定位问题，使机械钟的发展提高到一个新的高度，哈里森因此获得了英国的大奖。

（4）利用电磁振荡的周期制造电子表

电流围绕一个值做周期性变化，是电流振荡。用一个电容器和一个电感线圈就可以实现类似的电磁振荡现象。

要进行电磁振荡，需先对电容器充满电。充满电的电容器放电，在电路中形成电流，电路中的电流从零开始增大。通电的电感线圈就产生磁场，随着电流的增大，磁场会越来越大，但“懒惰”的电感线圈总是阻碍磁场的变化，它使电路中的电流缓慢增

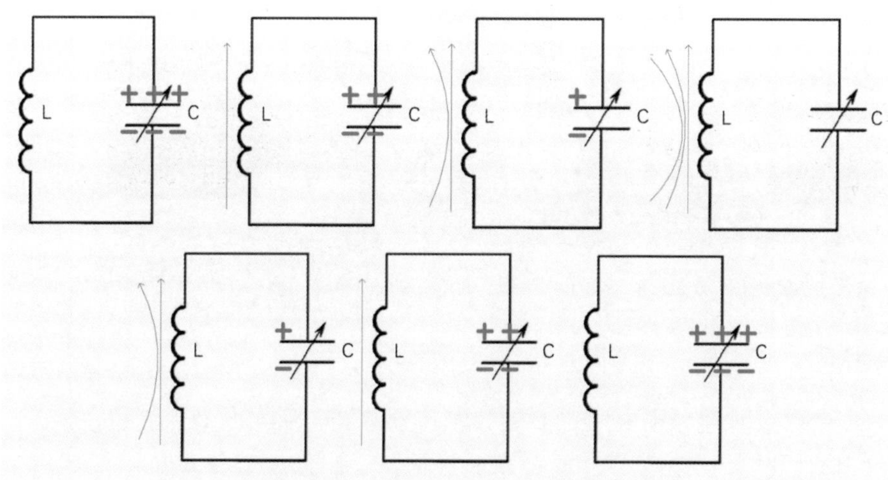

图1-30 电磁振荡的一个周期示意图

大，放慢了电容器放电的速度。

电容器放电完成，电容器上的电荷减小到零，这个时候电感线圈中的磁场达到最大，电场能转化成磁场能。

电容器上没有了电荷后，电路中本来应该没有电流了，但“懒惰”的电感线圈又不想变化，它使电流慢慢减小，电路中仍然有电流，这样就会在电容器上慢慢充电。等电感线圈里的磁场减小到零，电容器上也充满了电荷，就可以开始下一个周期。

电容器的电荷和电感线圈的磁场周期变化，形成周期性的电磁振荡，早期的电容器和电感线圈产生的振荡信息电流都需要晶体管放大。这种晶体管叫作晶体管振荡器。

人们掌握了电磁振荡特性以后，就开始利用电磁振荡原理来制造钟表。电子表就是利用晶体管振荡器的电磁信号周期变化规律来计时的。电子表的发展，就是把电磁振荡的现象转变成机械振动，直到最后的不转变，直接对电磁振荡进行计数。

第一代电子表，是电子手表和机械手表相结合的产物，游丝摆轮与电磁振荡共存。不过，走时的精度不再取决于游丝的摆轮，而是取决于电磁振荡信号。因此，第一代电子表被称为游丝摆轮式电子表。

第一代电子表的基本工作原理是，电池给晶体管振荡器提供能量，使之发生振荡并维持。在振荡过程中，电感线圈的磁场发生周期性的变化，作用于摆轮上的永久磁铁，推动摆轮，使它按照磁场变化的周期（即振荡周期）来回摆动，再通过齿轮系统带动指针转动，指示时间。

然而，第一代电子表的走时误差为每天 15 秒左右，误差过大。要提高计时精度，必须尽可能使振荡频率稳定。于是，人们找到了稳定振荡频率的稳频元件——音叉。使用音叉的电子表就是第二代电子表。

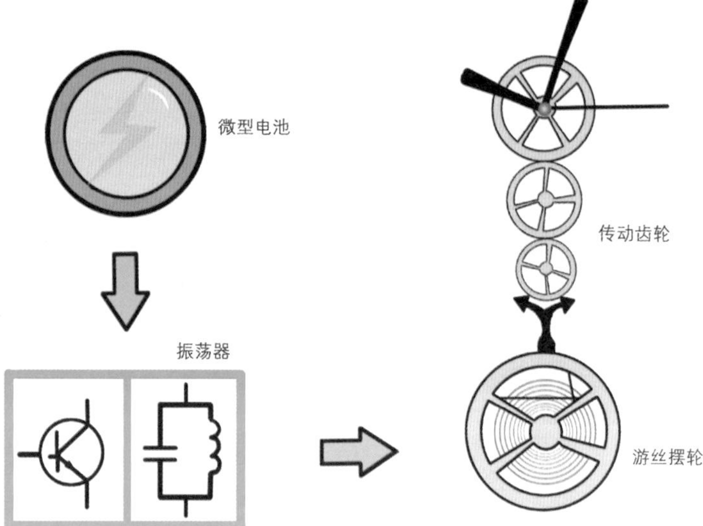

图1-31　第一代电子表示意图

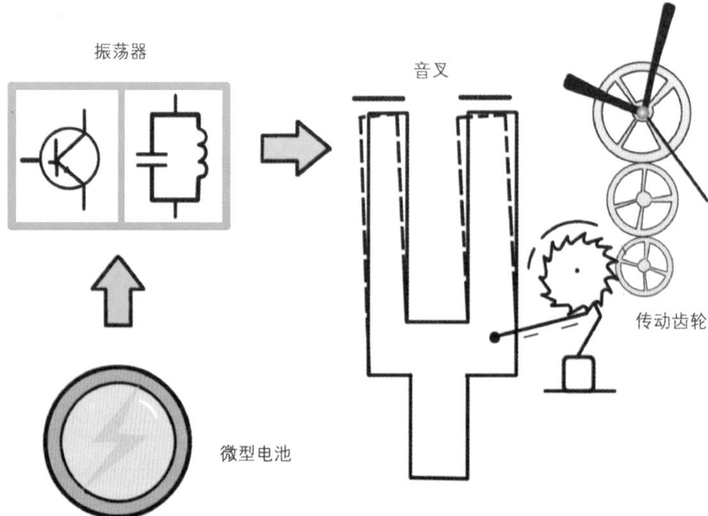

图1-32　第二代电子表示意图

电池向振荡器供电以后，振荡器发生振荡，电感线圈的磁场和固定在音叉两臂顶端的磁钢相互作用，驱动音叉振动。音叉的振动频率反过来又去控制振荡器的振荡频率，使整个振荡系统的振荡频率主要决定于音叉的振动频率，这就是所谓的稳频作用。音叉的一个臂伸出一个推爪，音叉振动时，它就推动计数轮，使整个齿轮系统转动起来，带动指针走动。

第二代电子表去掉了传统的游丝、摆轮等，其每天的走时误差在5秒以内。

第三代电子表是指针式石英手表。虽然音叉式电子表的走时精度有所提高，但是它仍不能满足人们对精确时间的要求。因此，人们用石英作为稳频材料，进一步减小了电子表的误差。

石英是一种较特殊的晶体，它的学名是二氧化硅，水晶的主要成分就是二氧化硅。若在石英晶体的两个电极上加一电场，晶体就会产生机械变形；反之，若在晶体的两侧施加机械压力，则在晶体相应的方向上将产生电场，这种物理现象称为压电效应。这种效应是可逆的。如果在石英晶体的两极上加交变电压，晶体就会产生机械振动，同时晶体的机械振动又会产生交变电场。在一般情况下，晶体机械振动的振幅和交变电场的振幅非常微小，但当外加交变电压的频率为某一特定值时，振幅明显加大，比其他频率下的振幅大得多，这种现象称为压电谐振，它与晶体管振荡电路的振荡现象十分相似。谐振频率与石英的切割方式、几何形状、尺寸等有关。

石英晶体振荡器是利用石英晶体的压电效应制成的一种谐振器件。根据需要产生的频率要求，从石英晶体上按照一定方位切下一个薄片（简称为晶片，可以是正方形，也可以是矩形或圆形等），在它的两个对应面

图1-33 石英晶体

上涂敷银层作为电极，在每个电极上各焊一根引线接到管脚上，再加上封装外壳就构成了石英晶体振荡器，简称为石英晶体（晶振）。

第三代电子表主要由微型电池、石英晶体、集成电路、微型马达和齿轮、指示系统构成。石英晶体作为振荡电路中的一个稳频元件，接通电源以后和集成电路一起形成振荡，产生一个非常稳定的32768赫兹的信号，并通过集成电路将它变换成每秒振荡一次（1赫兹）的信号，同时放大到足够强度，推动微型马达，带动齿轮、指针转动。

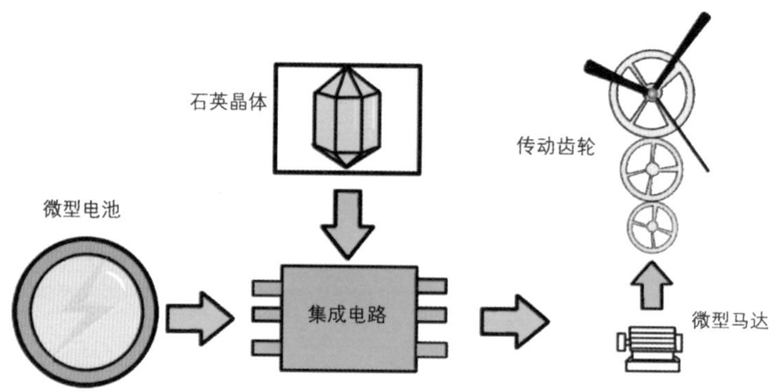

图1-34 第三代电子表示意图

第四代电子表仍然用石英晶体作为稳频元件，但它的机械结构已经减到了最低的程度，连传统的齿轮、指针都不见了。代替齿轮的是集成电路，代替指针的是发光二极管或其他显示元件。人们称第四代电子表为数字显示石英表。

第四代电子表由于使用石英晶体作为稳频元件，又采用集成电路，使钟表的制造发生了重大变革，这种电子表每天的误差在0.1秒内，达到了非常高的精度。

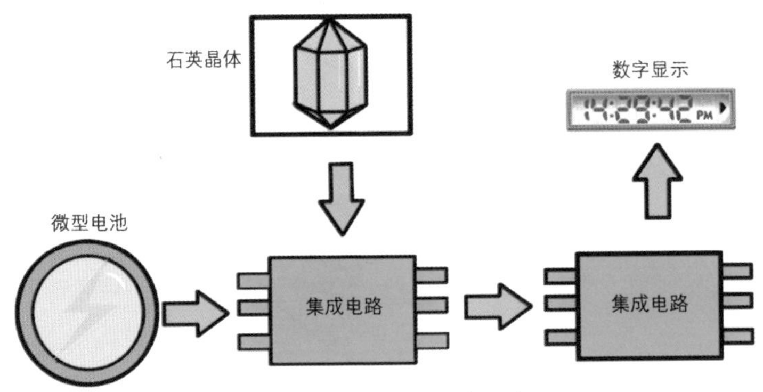

图1-35　第四代电子表示意图

频率对电子系统具有重要作用，石英电子表里的关键器件——石英晶体振荡器已经成为电子系统的基础部件之一。由于对石英晶体振荡器的需求非常广泛，人们开发出了非常多的石英晶体振荡器，以满足不同的性能要求。

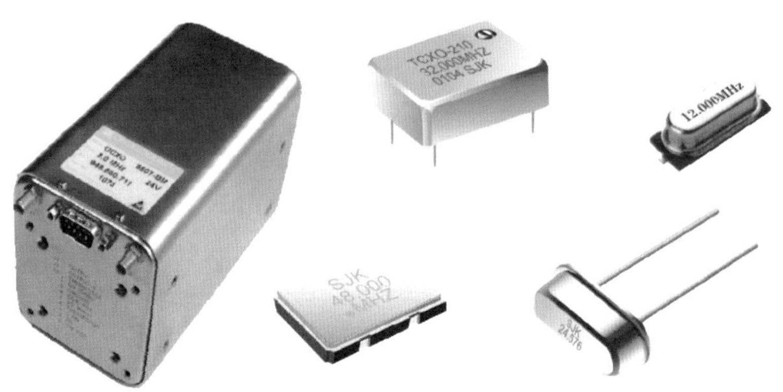

图 1-36　几种晶体振荡器

(5) 量子现象的原子钟

至此，时钟已经从最早的靠天计时，转变为依靠人类自己制作的单摆、晶体振荡器等具有周期现象的物体来计时，但这些仍然不能满足人们探索宇宙的需求。于是，人们想到了利用原子跃

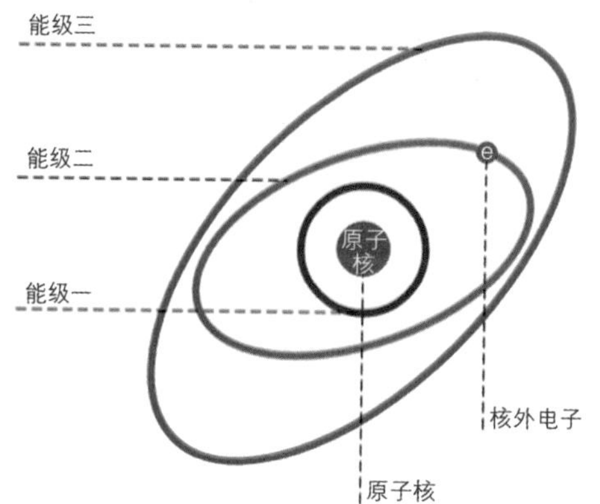

图1-37　原子核和电子

迁辐射频率的方法。这里，就从量子跃迁开始，分析原子钟工作的原理和实现的方法。

原子虽然小，但它内部却是一个复杂的世界。每个原子都有一个原子核，核外分布着绕原子核高速运动的电子。电子在不同的旋转轨道具有不同的能量，这些能量是不连续的，称为能级。一个电子，可能在不同的能级运动，有的时候处于这个能级，有的时候处于另外一个能级，电子在不同能级之间的变换称为量子跃迁。

电子在不同能级间跃迁时，会带来一个问题：因为不同能级的能量不同，电子由一个能级跃迁到另外一个能级，其能量会发

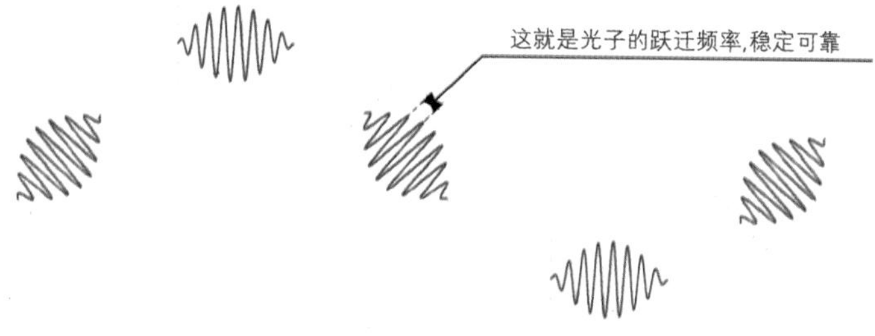

图1-38　光子辐射频率非常稳定

生变化，需要想办法进行补偿。补偿的媒介是光子，因为光子有固定的频率，也就有固定的能量。如果电子从高能级跃迁到低能级，就辐射出去一个光子，辐射光子的能量加上低能级的能量等于高能级的能量，反之就吸收一个光子。

由于能级是固定的，电子每次从一个能级跃迁到另外一个能级，都会辐射相同的光子。光子的频率是固定的，被称作共振频率，这就是原子钟计时的依据。例如铯^{133}的一个共振频率为9192631770赫兹。

明白了能级跃迁，就能理解原子钟的工作原理了。原子钟的工作原理并不复杂，用一句话就可以说明：将晶振套到原子上，用原子的跃迁频率约束晶振的频率，作为最终的原子钟输出。一般是先激发原子，使其处于高能级，然后等原子跃迁到低能级以后，自然会辐射出一个光子，利用集成电路，把这个光子的频率取出，用锁相环将晶体振荡器的频率锁定到光子跃迁频率上。因为跃迁频率很稳定，锁定后晶体振荡器的频率也就非常稳定。原子钟的输出实际上是晶振的输出，只不过这个晶振的频率被原子跃迁频率约束住了。

根据上面的描述，可以把原子钟分成原子谐振器和锁相电路。原子谐振器主要是激发原子钟，将原子放在激发态，并诱导原子钟向低能级跃迁，辐射出光子，根据光子的频率产生很高精度的频率信号。而锁相电路则利用量子跃迁频率控制晶体振荡器，使晶体振荡器的长期频率特性表现为量子跃迁频率的特性，并把晶体振荡器的频率输出供使用。

虽然原子钟原理大致相同，但不同的原子钟的原子谐振器和锁相电路的实现原理也有一定差异，这里选取一种原子钟来说明具体的原理。

原子谐振器的第一个部件是原子制备炉。原子制备炉进行高温加热，让原子从固态变成气态，成为一个个游离的原子。正常情况

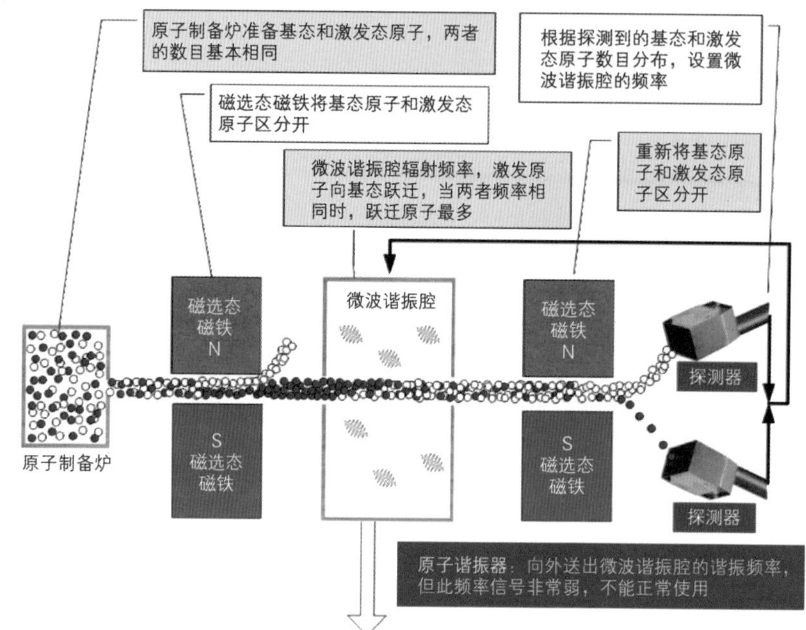

图1-39 原子谐振器的原理

下，原子处于基态（低能级）的多，处于激发态（高能级）的少，原子制备炉还需要使原子数目反转，使处于基态和处于激发态的原子个数大致相等，甚至是激发态的原子数目更多，然后让原子从制备炉中喷发出来。

不管是基态还是激发态的原子钟，都是电子在绕原子核高速旋转，电子的旋转形成电流，旋转的电流产生磁场。由于基态和激发态的原子旋转方向不同，表现的磁特性也不同。经过与磁选态磁铁的磁相互作用，基态和激发态的原子运动会受到一定影响，基态的原子钟运动方向偏转到其他方向，激发态的原子继续前进，到达微波谐振腔。

微波谐振腔按照一定的频率振动，当振动频率与激发态原子的跃迁频率相同时，绝大多数激发态的原子就会受到这个频率的诱导而发生跃迁，辐射出光子后变成基态。

跃迁过的原子和剩下没有跃迁的原子继续前进，经过另外一个磁选态磁铁，这个磁选态磁铁将原子分成两束，基态的原子一束，激发态的原子一束。用两个探测器监测两束原子的个数，分析跃迁过的原子和没有跃迁的原子数目之间的比例，据此推测微波谐振腔的频率大小，然后控制微波谐振腔的频率，使其尽可能接近谐振频率，这样才能有尽可能多的频率发生跃迁。

此时，微波谐振腔的振动频率等于量子跃迁辐射光子的频率，但这个频率振动幅度小，信号较弱，并且频率值也不是一般需要的5兆赫、10兆赫，还需要进行一定的处理才能使用。这就需要锁相电路。

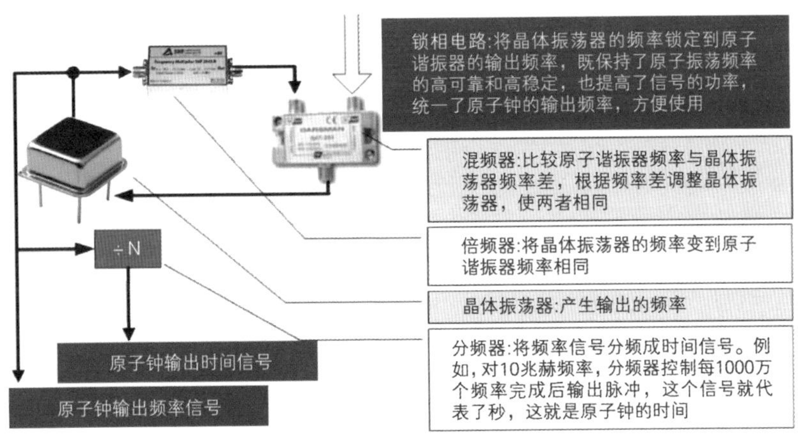

图1-40　锁相电路原理

锁相电路的基础是晶体振荡器，这里的晶体振荡器输出频率是10兆赫，是用户能直接使用的频率，但它只是表现出晶体振荡器的特性，离原子钟的要求还差很多，需要锁相电路的处理。

由倍频器将晶体振荡器的频率进行上变频，变到与微波辐射频率接近后就可以混频了；也有的原子钟将微波频率向下变频，和晶体振荡器频率向上变频结合使用。但处理结果都相同，让晶

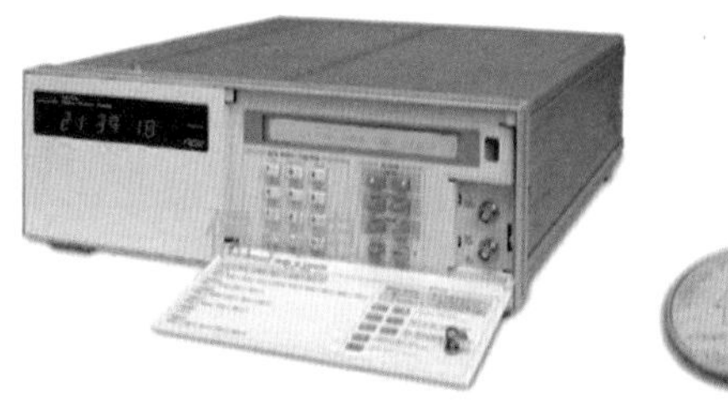

图1-41　守时铯原子钟(5071A)

图1-42　商品原子钟芯片和原子钟

体振荡器输出的频率与量子跃迁辐射频率相比较，这个功能由混频器完成。混频器输出两个频率的偏差信号，根据这个信号对晶体振荡器进行调整，使晶体振荡器输出频率的性能接近量子跃迁辐射频率。

这就是原子钟的原理。

如果你认为这是精度最高的原子钟，那就错了。在地面，这些原子钟原子运动的速度比较快，原子的运动会影响辐射光子的频率，导致原子钟频率产生微小偏差。人们在地面使用激光等技术来冷却原子，就是想尽量减少原子钟运动速度对光子频率的影响。

在太空空间环境，原子处于失重状态，更加容易冷却，这种环境下制作出的原子钟能达到更高的精度。用通俗的话说，空间环境的原子钟误差，从宇宙爆炸开始直至今天，误差累计不到1秒。

图1-43　铷原子钟(FS725)

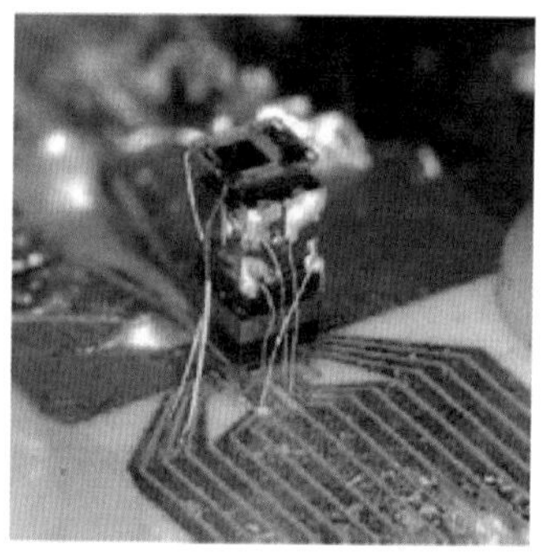

图1-44　米粒大小的铯原子钟

图1-45　三层楼高的基准型铯原子钟（NIST-F1）

图1-46　1.5米高的氢原子钟

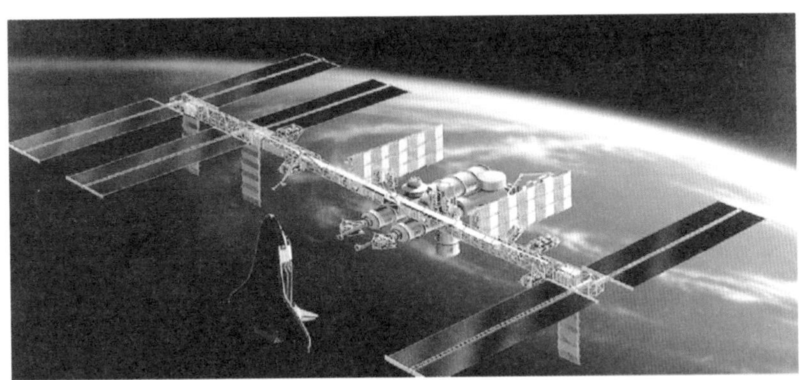

图1-47　在太空空间环境下原子钟精度更高

③ 时间的传递：使用一切通信手段

超过两个人，会存在统一时间的问题。为了将大范围的时间统一到一起，需要建立授时系统让大家掌握准确的时间。从古代开始，人们几乎利用能利用的一切通信手段进行授时，从晨钟暮鼓到午炮报时、落球报时，都是以前人们传递时间的手段。

(1) 古代敲钟、打鼓报时间

公元485年的一天，马上要到巳时了，虽然有暖洋洋的阳光照在南齐的皇宫内，但齐武帝却非常郁闷，他一直到现在还没有吃上早饭。原来，齐武帝听到鼓声报时，知道早饭时间到了，但御厨却没有听到鼓声，还没有给他做饭。

在南齐都城，观测天象的官员非常敬业，用圭表等仪器测量出准确的时间，每到整点都用鼓声向周围传递时间。皇宫离敲鼓报时的地方太远，鼓声时有时无，这导致皇宫里的时间没有办法统一。

“必须统一皇宫的时间！”齐武帝下定决心，要为此做点事情了。这时候，寺庙里的钟声隐隐约约传来，使他茅塞顿开，一下子有了解决的方法。齐武帝下令，在皇宫比较高的景云楼里挂起一面大钟，根据报时的鼓声敲钟。因为景云楼比较高，钟声响起，整个皇宫都能听见，再也不会耽误事情了。

由此，齐武帝开创了一个晨钟暮鼓授时的制度。

到了唐朝，晨钟暮鼓报时已经非常普遍，大一点的城市都建有钟楼。早上敲钟，城门打开，人们可以随便进出城活动。晚上击鼓，宵禁开始，所有的人禁止随意走动。每个时辰都有不同的钟声或者鼓声告诉人们时间，悠扬、清脆的钟声能传得非常远，钟鼓声成为整个城市和周围村庄的人们生活、工作的标准时间。“朝钟暮鼓不到耳，明月孤云长挂情。”“百年鼎鼎世共悲，晨钟暮鼓无时休。”这些诗句，都是报时方法的写照。

清末到民国初年出现的耸立的高楼，阻挡了钟声的传递，人们便想到使用声音更大的装置——大炮报时，由此进入了午炮报时的时代。在北京德胜门东侧的城墙上设有一座炮台，用

图1-48 西安的钟楼（左）和鼓楼（右）

来报时的“午炮”就架在这里。炮台有电话与北京观象台连通。每当快到正午时，两个工作人员分工合作，一人守在电话旁，听电话里传来的指令；另一人揭开炮衣，装好炮药、手持点燃的长香，站在炮位上静候指令下达。当北京观象台通过电话发出指令后，炮台上的人马上点燃炮药，午炮发出轰鸣，这声音响彻大街小巷，人们便知道中午12点到了。

在古代，还有一种专门在夜间进行时间传递的方法——打更，由此产生了一种职业——更夫。

更夫十分辛苦，晚上不能睡觉，而要守着滴漏或燃香（都是计时的工具），才能掌握准确的时间。更夫每夜要打五更。

在欧洲，当中国人进行午炮报时的时候，他们开发出一种落球报时方法。最先进行落球报时的是英国伦敦的格林尼治天文台，每天下午1点整（有些地方报时设在中午12点），天文台钟楼顶端的圆球准时落下，附近海域停泊的船只据此调节船上的钟表，然后带着调好的钟表升帆出海。我国最早进行落球授时的城市是上海。

图1-49 更夫为人们传递时间

知识链接

打落更(即晚上7点)时，一慢一快，连打三次，声音如“咚！——咚！”“咚！——咚！”“咚！——咚！”

打二更(晚上9点)时，打一下又一下，连打多次，声音如“咚！咚！”“咚！咚！”

打三更(晚上11点)时，要一慢两快，声音如“咚！——咚！咚！”

打四更(凌晨1点)时，要一慢三快，声音如“咚！——咚！咚！咚！”

打五更(凌晨3点)时，一慢四快，声音如“咚！——咚！咚！咚！咚！”

图1-50 英国格林尼治天文台和美国海军天文台用于报时的圆球

(2) 现代无线电波送时间

随着人们对时间精度要求的提高，进入20世纪以来，午炮报时、落球报时等传递时间的精度已经远远不能满足要求，人们开始使用电信号进行时间传递，从无线电到激光，使用各种通信手段进行授时。这里以授时精度为主线，介绍几种授时方法。

A. 互联网授时是精度在秒级的授时手段

你知道吗？一般计算机的时间每两到三天就会产生1秒误差。如果你的计算机与互联网连接，那就完全用不着担心。因为有很多网站提供网络授时的服务，可以把计算机的时间误差控制在1秒以内。

图1-51 “时间精灵”界面

中国科学院国家授时中心在“时间科普网站”（http://www.time.ac.cn/）上发布的网络校时组件——“时间精灵”，以其准确性、方便性和兼容性深受欢迎，目前日访问量近6000万余次，年访问量超过220亿次。“时间精灵”已广泛为电信、金融、证券期货等行业所采用。

B. 短波授时是精度在毫秒级的授时手段

短波波长在10—100米，短波传播距离远，可达几万千米。我国的短波授时是中国科学院国家授时中心的BPM短波授时台，用2.5兆赫、5兆赫、10兆赫、15兆赫等几个频率广播我国的标准时间和标准频率信息。在整点，就会出现BPM呼号和女声播报，无线电中也调制有时间编码信息，用来对时。

知识链接

目前，世界上的短波授时台有几十个，一些无线电爱好者收听这些短波授时台的信号，然后把收听到的情况反馈给授时台，授时台会给他们发无线电信号收信确认卡，证明他们收听到了这个台的信号。不少人能集到几十个确认卡。

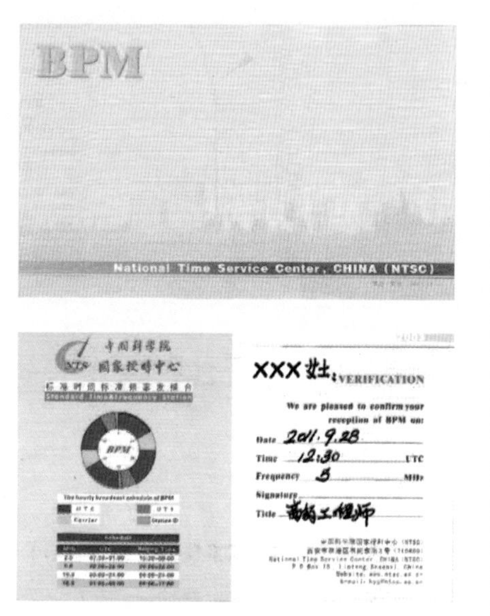

图 1-52　BPM 无线电信号收信确认卡（正面和反面）

C. 电话授时和低频时码授时是精度在亚毫秒级的授时手段

在我国，很多城市都有117报时台。用户只要拨打电话号码117，就可以听到语音播报时间。中国科学院国家授时中心也开通了语音报时电话。

实际上，还有一种更高精度的电话授时系统。使用专门的接收设备，拨打国家授时中心的电话授时号码，就会由电话授时主机发送专门的时间编码到终端，终端解调这种编码，可以得到精度在十毫秒量级的时间。目前，国家授时中心的科技工作者正在研究使用卫星导航里的伪码测距技术提高电话授时精度，估计能将授时精度提高到亚毫秒级。

图1-53　电话授时

图1-54　低频时码授时的电波表

使用公用电话授时服务是利用公共电话交换网传输时间信息的一种技术方式，是一种常规的授时手段。它服务稳定，成本低廉，能够满足中等精度时间用户的需求，可为科学研究、地震台网、水文监测、电力、通信、交通等行业提供标准时间信息。

另一种亚毫秒级的授时是低频时码授时系统，通常是指工作于第五频段（30—300千赫）的长波授时系统。2007年，中国科学院国家授时中心在河南商丘建造了一座大功率、连续发播低频时码的授时台，呼号是BPC，它构筑了我国新一代低频时码授时系统。低频时码商丘授时台的授时信号可以有效覆盖京、津和长江三角洲等地。

BPC低频时码授时系统是一个载频为68.5千赫的调幅无线发播系统。调幅脉冲下降沿的起始点，指示着国家授时中心协调世界时秒信号的发生时刻。调幅脉冲的宽度按指定的传输协议给出日历和时间的数字编码信息。低频时码信号形式都是以1秒为单位变化的，在1秒中包含了信号的秒脉冲信息和时间编码信息。

低频时码产品有各种挂钟、手表，可以获得毫秒量级精度的国家标准时间；部分产品使用光动能电池作为电源，使用极其方便。

图1-55 埃菲尔铁塔最早使用长波信号授时

D. 长波授时是精度在微秒量级的授时手段

长波授时可能是最早的无线电授时方法。长波是波长在1000—2000米的无线电波。1910年，法国率先使用埃菲尔铁塔顶端的长波无线电信号发射器报时，每天两次广播从巴黎天文台获得的标准时间，发射波长是2000米，这个发射器的呼号为FL。1913年，发射波长增加到了2500米。需要特别说明的是，埃菲尔铁塔的报时信号的频率是长波频率，但其工作模式是短波的工作模式，通常把这个授时称为短波授时。

图1-56 卫星授时

早期的长波授时，在规定时间广播规定的字符，例如，在8点广播字符“A”，附近的电报员听到A以后，就将他的时钟调整到8点。现在，长波授时已经能够广播时间编码信息，接收机自动接收长波信号，自动调整本地时钟。

我国对长波授时技术的研究早在20世纪60年代初就已开始，中国科学院国家授时中心的前身陕西天文台建成的BPL长波授时系统是我国第一个陆基高精度授时服务系统，1983年建成，1986年通过国家鉴定，授时精度在微秒量级。从1983年至今，该系统一直承担我国高精度标准时间、标准频率发播任务。

E. 卫星授时是精度更高的授时手段

目前的卫星授时主要指卫星导航系统的授时。卫星导航系统虽然是一种导航定位系统，但导航定位的基本原理是时间同步。因此，卫星导航系统也具有授时功能，并且是目前应用最广的授

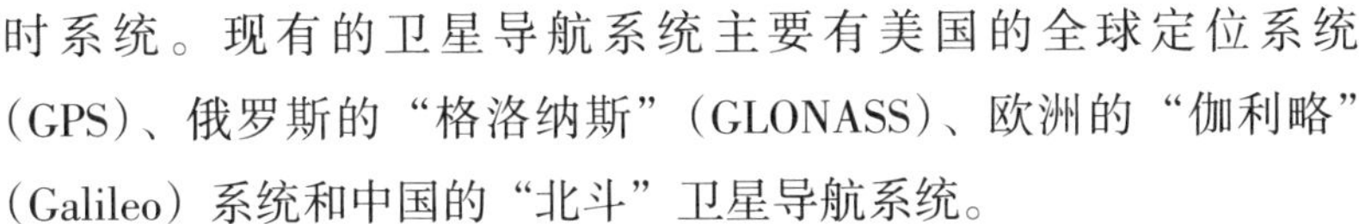

时系统。现有的卫星导航系统主要有美国的全球定位系统（GPS）、俄罗斯的“格洛纳斯”（GLONASS）、欧洲的“伽利略”（Galileo）系统和中国的“北斗”卫星导航系统。

④ 时间的应用：无时无处不在

根据牛津英语语库（2000年建立，收录词条10亿条以上）统计，当今人类最常用的100个名词当中，“人”排在第二位，“年”排在第三位，“天”排在第五位，“男人”排在第七位，“女人”排在第十四位，“战争”排在第四十九位……那么，排在第一的是哪个名词呢？答案是“时间”。这是一个令人惊讶而又合乎情理的发现，因为时间的应用无时无处不在。

（1）时间是现代社会运转的基础

时间和频率是我们日常生活和工作中最常用的两种基本参量。时间和频率的应用范围十分广泛。

工业控制、邮电通信、大地测量、现代数字化技术、计算机以及人造卫星、宇宙飞船、航天飞机的导航定位控制都离不开时间频率技术和时间频率测量。举个最简单的例子，你在下班回家的路上，你早上设置的电饭锅预约做饭功能启动，开始烧饭了。电饭锅是靠什么判断是否启动的？就是靠内部计时器里的时间。

再如洗衣机，可以设置洗衣时间、漂洗时间等，也是靠定时器进行时间控制。如果定时器出了问题，设置1分钟，有可能洗了2个小时还没洗完，这可就麻烦了。

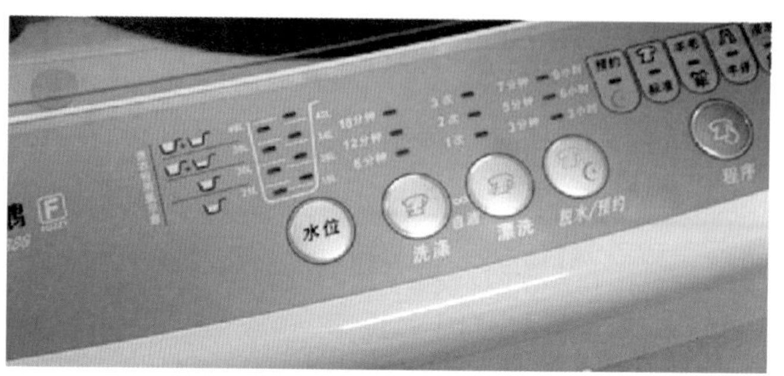

图1-57 洗衣机需要时间控制流程

随着社会的发展，人们对信息传输和处理的要求越来越高，因此，需要更高精度的时间频率基准和更精密的测量技术。

随着高稳晶振、原子频率标准等频率源的研制和应用范围的不断扩大，科学家也不断向更精密的测量技术挑战。今天，时间和频率的测量分辨率已分别达到皮秒和10^{-16}量级，不确定度则下降到10^{-14}量级。

时间频率的高精度测量促进了科学技术的进步，而科学技术的进步又把时间频率的测量精度提高到一个新的高度。时间频率测量水平的提高，对整个科学技术发展水平的提高有着极其重要的作用。

(2) 时间的范围差别极大

从时间的范围就可以知道时间应用的场所有多大。时间的范围极大，可以从宇宙形成大爆炸那一刻开始，一直持续到宇宙的终点；时间的范围又极小，小到不能直接测量，因为测量就要影响其特性，这就是量子力学所说的测不准原理。

自然界的每个事件都有其持续的时间，不同事件持续时间的跨度差别极大。有些“寿命”极长，如天体的年龄以数十亿年计；但有些“寿命”极短，如Z粒子的寿命只有10^{-25}秒。

10^{53}有多大？从两个例子就可以看出来。一粒米只有毫米大小尺度，10^{53}粒米集中在一起比太阳系都大！有古语说轻于鸿毛，鸿毛再轻也有质量，如果鸿毛的质量为0.001克，10^{53}根鸿毛集中在一起，比1亿亿个太阳还要重！

这么长的时间和这么短的时间是怎么测量出来的？

测量天体的“年龄”，要先测量天体能量的损耗速度和该天体的质量，然后根据质量和能量转换关系估算天体的“寿命”。这样，天文学家可以测量数百万年到百亿年之间的时间间隔。

图 1-58 1分钟吃一个饺子，吃完一盘要10分钟

测量地球的“年龄”，即岩石的形成时间，一般采用放射性元素衰变法，后来形成了一个专门学科——地质纪年学。放射性元素的衰变速度是恒定的，在岩石中测量放射性元素已经衰变的质量和没有衰变的质量，两者相比就可以确定岩石的“年龄”。用这种方法估算出地球的“年龄”大概是45亿年。

测量古生物的时代，利用的是古生物的生理节律。例如，古动物生活时期所处环境影响到古动物的生理特征，这些生理特征会影响古动物的生长节律，即在骨骼、贝壳等的内部结构或外部形态上形成各种花纹和图样，这些花纹和图样是古生物生理节律的记录。当研究了古生物化石上反映的生理节律以后，对照现代同一生物的生理节律，并与现代计时方法比较，便能推断古生物时代的时间记录，这就是古生物时钟。古生物时钟证实了地球速率长期变慢的论断。研究这种时间测量方法的科学称为古生物节律学。

日、月、年、世纪的测量属于天文学历法的范畴。历法实质上是根据地球公转周期和地球自转周期来测量时间的，这两种运

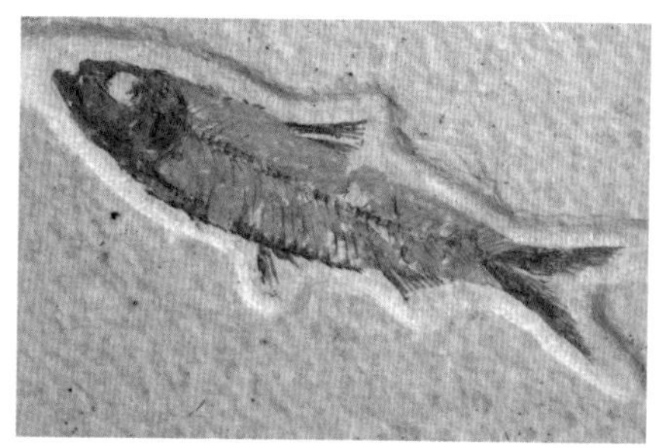

图1-59 化石是现代人读取古代时间的钟表

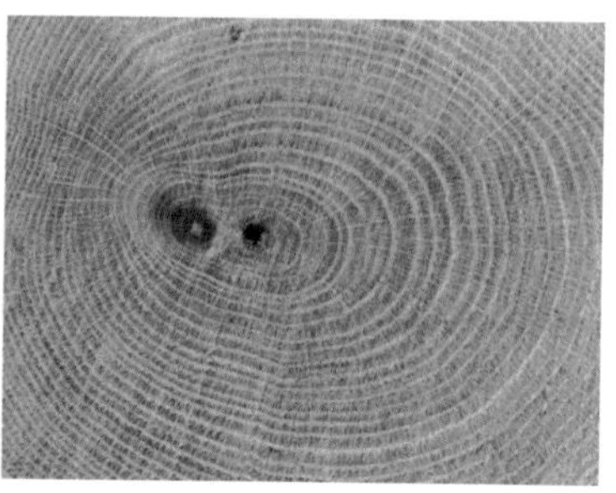

图1-60 树木年轮也是一种测量时间的钟表

动反映了地球上的四季和昼夜的交替，其规律与人类活动密切相关。但这两种运动没有成整倍数关系，如何处理四季和昼夜不成整倍数关系问题，便构成了编制历法的基本任务。

现代时间测量，并不是指上述的广义时间测量，而是指小于一天的时间间隔测量，对于一些专业天文台和物理实验室来说，时间测量的概念是秒以下时间间隔的测量。目前，这些实验室能测量的精度大约在飞秒量级。

(3) 时间的应用无处不在

时间对所有人都很重要，因为我们的生命是由一分一秒的时间构成的。时间在很多场合起着至关重要的作用，从农民到航海家，从原始人到现在的科学家，他们的工作、生活都与时间密切相关。

对原始人来说，时间是关乎生命安危的大事。

在远古时代，人们过着原始群居的渔猎游牧生活，使用简陋的工具，靠采集和渔猎获取食物，维持生计。为了避风遮雨，原始人往往把洞穴等天然场所作为固定的居住地。

清晨，太阳从地平线上升起，给大地带来了光明和温暖，原始人走出洞穴，到森林里采集果实、获取猎物。在这一天的活动中，原始人时刻注意太阳位置的变化，他们要在太阳落山前回到居住的洞穴，以避免夜行猛兽的袭击。为确保安全，原始人渐渐地认识到时间的概念。

对农民来说，时间承载着丰收的希望。

在农业生产中，作物的播种、耕耘、收获、储藏，都要与季节相适应。安排适时可以得到好收成，稍有差错就可能会造成歉收。人们开始考虑如何准确地分辨季节，确定农时，即推算时间，慢慢就演变成最原始的日历。如果说原始的群居社会离不开“日”这个概念的话，那么对农业民族来说，就不能没有月份、季节和年的知识。

古人最初根据草木枯荣、鸟兽出没等物候现象来确定月份和季节，并以此指导农业生产。物候变化与自然变迁一次又一次地重复印入人们的脑海。天象的循环变化同样留给人们以深刻的印象，人们通过观察日月星辰的运动变化来确定年、季节这些时间，进而形成日历，指导农业生产活动。

图1-61 春种、夏长、秋收、冬藏

图1-62　清朝颁布历法的太和殿

对封建社会的皇帝来说，时间是维持统治的手段之一。在古代，封建社会的皇帝宣称其统治是顺天意，皇帝登基以后，都宣称自己是真命天子，真命天子的一个表现就是拥有更加准确的时间。在古代，时间最主要的体现就是日历，皇帝把日历上升到法律的层面，称为历法。每一任新皇帝都需要重新颁布历法，纪年等都要重新开始。这样，历法的主要功能开始发生转移，除了客观上仍为农业提供时间安排外，更多的是偏向非农业的目的——为占星服务，为政治服务，为王权统治的建立和稳定服务。

我国古代设置专门的官员来制定日历，宋元有司天监，明清有钦天监。我国历史上许多著名科学家，如汉代的张衡、南北朝的祖冲之、唐代的高僧一行、宋代的沈括、元代的郭守敬以及明代的徐光启等，都对日历的编制作出了突出的贡献。

对航海家来说，时间是海上航行的指路明灯。

对于中世纪的航海家来说，在海上迷失方向是致命的大

图1-63 航行的水手需要时间进行导航

事。大海无边无际，没有高山大河作为参照标记，迷失方向是常有的事。因此，海上准确定位至关重要。

那个时候，海上导航和定位被欧洲各国视为头等大事。西班牙的菲利普三世于1598年颁布诏书，宣布设立经度奖金，任何人只要找出海上测量经度的方法，就可以得到2000杜卡托的奖励。后来，其他国家相继跟进，荷兰悬赏1万佛罗林，法国悬赏10万里弗，英国悬赏2万英镑。这些悬赏相当于现在的千万大奖，因此当时很多人都在想办法解决这个难题。

海上导航的关键是经度的测量，只有一个解决办法，就是两个地方时间差的测量。英国哈里森的航海钟获得了大奖以后，远航的船上带几十块航海钟已经是很常见的事情了，可见航海家对精确时间测量的迫切需要。

对科学家来说，时间是科学研究的基础。

在现代，时间通常和频率联系在一起，统称时间频率。时间频率目前是实现测量精度最高的物理量。时间频率信号可以通过电磁波传播，直接应用于科学研究和工程技术。基于此，高精度时间频率已经成为一个国家科技、经济、军事和社会生活中至关重要的参量，关系着国家和社会的安全稳定。

2011年9月，欧洲核子研究中心公布：他们发现了超光速现象。该结果震惊了整个科学界。如果实验结果被证实，现代物理学的基石——狭义相对论的正确性将受到颠覆性的冲击。后来，英国与荷兰的科学家通过计算，认为是实验中应用GPS进行时间同步，对星载原子钟随卫星运动的相关效应考虑不周，出现了时间测量误差，超光速现象并不属实。

总之，时间极其重要，各行各业都离不开时间，时间作为人们描述世界的最本质属性之一，早已渗透到各行各业。

长短波授时系统是关乎国计民生的一项基本工程，也是新中国的一项重大科技工程。它的目标是产生我国的标准时间，并通过长波和短波发射出去，供人们使用。

扫码看视频

长短波授时系统是我们国家的一面大钟。

①北京时间：中国统一的标准时间

1949年，第一届中国人民政治协商会议第一次会议决议：中华人民共和国的纪年采用世界公历。

清朝后期，中国与国外的交流逐渐增多，纪年方式的不同给国际交流带来了很多不便。中华民国成立，孙中山当选临时大总统后，发布的第一个政令就是改用阳历。

中华人民共和国确定采用公历纪年，这是和世界接轨的象征。

纪年确定了年、月、日，至于时、分、秒，就需要北京时间来确定了。

清光绪二十八年（1902年），我国开始实行标准时制度，海关曾制定东海沿岸的海岸时，以东经120度之时刻为标准。1939年3

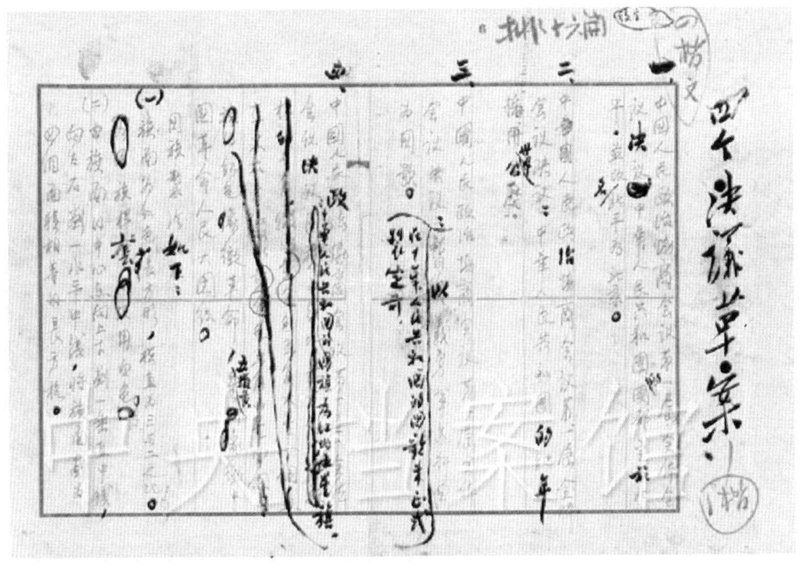
四个决议草案

图2-1　第一届中国人民政治协商会议第一次会议决议草案

月9日，中华民国内政部召开标准时间会议，认可位于北平的中央观象台将全国分为五个时区。这次会议明确了时区的名称和范围，并规定："全国各地标准时间之授时事项由中央研究院负责办理，报时事项由内政部委托中央广播事业管理处负责办理。前项报时与授时应有与之联系办法，由中央研究院与中央广播事业管理处会订，并送内政部备查。"这就是中国近代的标准时间和授时制度。

北平位于世界标准时区的东八区，即中原标准时区，1949年1月31日，北平和平解放以后，"中原标准时"的称谓已经不合时宜。中华人民共和国报时需要一个色彩鲜明、通俗易记的新名称，这就为"北京时间"的诞生铺平了道路。

1949年9月27日，在第一届中国人民政治协商会议第一次会议上通过的第一项决议是"定都北平，改北平为北京"。就在这一天，北平新华广播电台改为北京新华广播电台，次日即9月28日，北京市人民政府遵照政协决议精神，通知所属各机关，将其名称、印信、牌匾的"北平"改为"北京"。

同样，各地方广播电台很快将自己的节目时间改为中央台所用的北京时间。1950年初，全国除极少部分地区外，都采用北京时间作为统一的时间标准。

我国统一使用东八区的北京时间作为标准时间，给生活带来了极大的便利，在国内活动省去了频繁对表调时的麻烦，非常有利于国内各地区的合作与交流。

随着中华人民共和国科技、经济等方面的发展，北京时间已经不单单是广播电台的呼号，而是一个系统，这个系统不但有年、月、日、时、分、秒的规定，也有秒以下的规定。秒以下的规定，就要靠现代化的长短波授时系统来实现了。

② “326工程”：短波授时台建设

(1) 一波三折的选址

我国现代无线电授时发端于上海的徐家汇观象台的BPV时号。最早由南京的中国科学院紫金山天文台负责发播，后由上海天文台负责，当时租用了邮电部在上海真如的一个短波无线电发射台，依据各天文台联合测定和保持的时间，每天在固定时段进行发播。该时号满足了当时国家建设的部分需要。

图2-2　徐家汇观象台

然而，徐家汇观象台偏处我国东南一隅，难以适应国家大规模经济建设（特别是大地测量）的需要。因此急需在内陆建设一个能覆盖全国的无线电授时台，以满足全国对毫秒级精度的标准时间的需求。

1955年，在全国科技发展12年远景规划中，正式将筹建西北授时台列入国家重点建设项目。这是一项非常重要的项目，中国科学院立刻组织科研人员，到中国的西北部地区进行实地科学考察，经过多方论证，最终将新建的授时台台址选在兰州市。

因为这在当时是一项比较前沿的工程，为了慎重起见，我国科学院征询了苏联专家的意见。苏联对此也比较重视，专门派米哈依洛夫院士（普尔柯沃天文台台长）和谢克洛夫（塔什干天文台台长、授时专家）两位专家到中国进行考察。1956年，两位专家给出了结论：兰州是地震活动区，不宜建授时台。这与中国专

图2-3 “中科院时号改正数”文件封面

家的意见不同，由于存在争议，在兰州建立西北授时台的计划被暂时搁置。

1965年，国家科学技术委员会（简称国家科委）在“我国的综合时号改正数”鉴定书中再次提出：“从战略上考虑，建议中国科学院在西部地区从速增设一个授时台。”中国科学院立即响应，同年8月选派上海天文台和天津维度站的负责人及科技人员组成西北授时台（暂名）选址工作组，再赴新疆、青海、甘肃和陕西考察选址，并确定陕西省武功县杨陵镇为预选台址。

在此期间，我国继第一颗原子弹试验成功之后，正抓紧进行人造卫星和战略武器运载工具发射试验准备。“651”计划（发射人造地球卫星计划）的“时间统一勤务系统初步方案”中提出“在西安地区建造短波授时台，以满足第一颗人造地球卫星的需要”，同时提出建造我国长波、超长波电台。

1965年12月12日，国家科委召开“为备战需要应迅速在我国内地建立授时台（时间与频率发讯台）问题”座谈会。经过讨论，参加座谈会的同志一致认为：西北授时台应立即筹建，筹建工作由中国科学院负责。

中国科学院的反应非常迅速，12月31日，中国科学院就建立内地授时台问题提出了四条建议，指出西北授时台不仅包括授时工作，今后还要开展天文方面的其他工作；台址选择要靠近人造地球卫星地面系统控制计算中心的位置，该中心已初步确定在西安地区。

两个月后的1966年2月7日，上海天文台受中国科学院委托提出《西北授时台（暂名）筹建方案》和《西北授时台（暂名）第一期基本建设设计任务书》。同年3月，中国科学院决定在陕西省

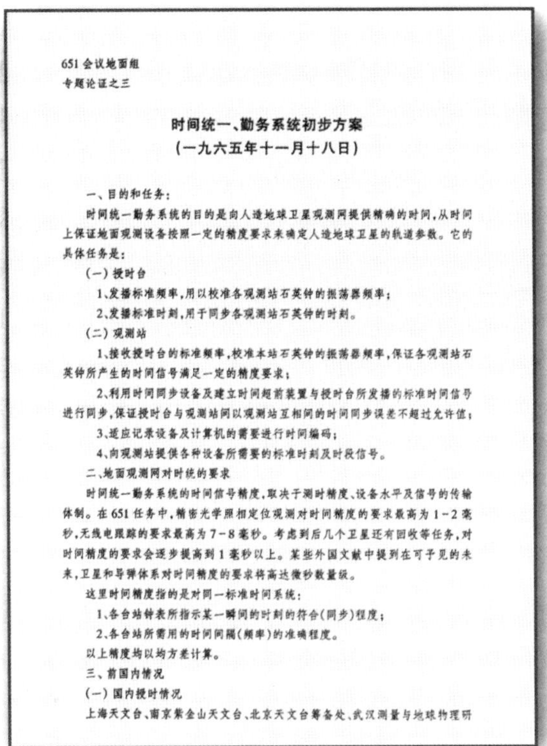

651会议地面组
专题论证之三

时间统一、勤务系统初步方案
（一九六五年十一月十八日）

一、目的和任务：

时间统一勤务系统的目的是向人造地球卫星观测网提供精确的时间，从时间上保证地面观测设备按照一定的精度要求来确定人造地球卫星的轨道参数。它的具体任务是：

（一）授时台

1、发播标准频率，用以校准各观测站石英钟的振荡器频率；

2、发播标准时刻，用于同步各观测站石英钟的时刻。

（二）观测站

1、接收授时台的标准频率，校准本站石英钟的振荡器频率，保证各观测站石英钟所产生的时间信号满足一定的精度要求；

2、利用时间同步设备及建立时间超前装置与授时台所发播的标准时间信号进行同步，保证授时台与观测站间以观测站互相间的时间同步误差不超过允许值；

3、适应记录设备及计算机的需要进行时间编码；

4、向观测站提供各种设备所需要的标准时刻及时段信号。

二、地面观测网对时统的要求

时间统一勤务系统的时间信号精度，取决于测时精度、设备水平及信号的传输体制。在651任务中，精密光学照相定位观测对时间精度的要求最高为1-2毫秒，无线电跟踪的要求最高为7-8毫秒。考虑到后几个卫星还有回收等任务，对时间精度的要求会逐步提高到1毫秒以上。某些外国文献中提到在可予见的未来，卫星和导弹体系对时间精度的要求将高达微秒数量级。

这里时间精度指的是对同一标准时间系统：

1、各台站钟表所指示某一瞬间的时刻的符合（同步）程度；

2、各台站所需用的时间间隔（频率）的准确程度。

以上精度均以均方差计算。

三、前国内情况

（一）国内授时情况

上海天文台、南京紫金山天文台、北京天文台筹备处、武汉测量与地球物理研

图2-4 时间统一、勤务系统初步方案（部分）

关中地区筹建授时台，代号为“中国科学院326工程”。至此，“326工程”正式启动。

1966年4月19日，中国科学院向国家科委、国家计划委员会（简称国家计委）报送《西北授时台基建设计任务书》，授时台建设地点为陕西省武功县。同年6月，授时台台址改在陕西省蒲城县境内。

1966年9月12日，中国科学院重新向国家科委、国家计委报送改称为《西北天文台的基建设计任务书》，提出“从速在我国西北地区增设一个完整的授时台，定名为‘西北天文台’”。国家科委于1966年11月29日批复同意。

至此，短波授时台进入实质建设阶段。

(2) 工程建设的艰难险阻

授时台台址确定后，中国科学院随即抽调上海天文台、西北分院等人员组成“326工程”筹建处，并借调上海天文台、北京天文台和紫金山天文台部分技术人员负责筹建中的技术工作。筹建处于1966年10月17日开始在中国科学院西北分院投入工作，1967年6月13日迁驻蒲城。

“326工程”的建设过程十分艰辛，国外对我们进行技术封锁，国内正处于“文化大革命”动乱时期，建设的地址又处于偏远的大山脚下，建设中的设备都要靠自主研制生产，工程建设的困难是难以想象的。

所有设备，大到系统的发射机、发射天线，小到二极管、电容器，都要靠科研工作者设计研发，再由指定的工厂生产，工程量之大可想而知。

在工程建设中，由于器件都是自主设计生产，大部分的器件都要经过长时间严密的运行测试，而这些测试都必须不间断运行，少则几小时，多则几天。有些测试需要每5分钟记录1次数

图2-5　老短波台

据，连续记录24小时、36小时甚至72小时。然而，由于时间紧，任务重，科研人员又不足，这些工作通常只能由一个人来完成。凭着对祖国科技事业的一腔热情，科学家们经过艰苦卓绝的努力，仅用了短短三年时间，就完成了短波授时台主体部分的建设。

(3) 开始试播——周恩来总理批示

由于“326工程”是一项全新的工程，信号播报性能是否稳定需要进行测试。中国科学院在蒲城召开试播工作会议，并于1970年10月17日形成文件上报国务院，请求试播。在文件中，中国科学院将“326工程”定名为中国科学院陕西天文台。同年12月2日，周恩来总理在此文件上作了亲笔批示。

根据周恩来总理的批示，中国科学院建议12月15日开始试播。1970年12月15日，中国科学院陕西天文台短波授时台开始试播。电台呼号为BPM，发播频率为2.5兆赫、5.0兆赫、10.0兆赫、15.0兆赫。试播工作历时三年，技术人员在这三年中对性能进行充

图2-6　老短波台发播机房

分的测试，并对系统进行升级改造，确保三年后能进行正常工作。

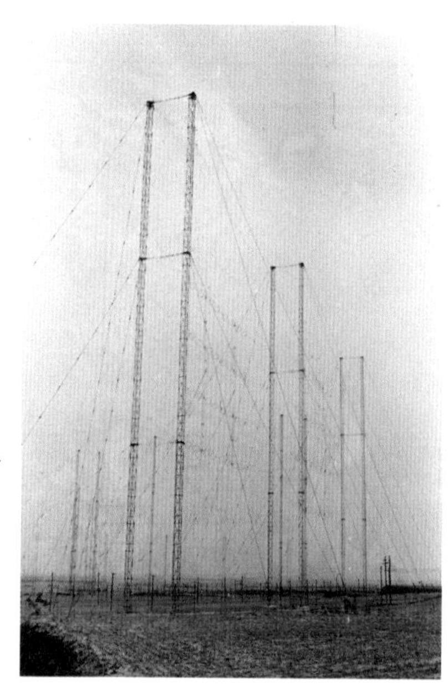
图2-7 老短波台天线

在短波授时台试播期间，中国科学院组织上海天文台、北京天文台、紫金山天文台、云南天文台、测地所武昌时辰站和乌鲁木齐人卫站配合陕西天文台进行长时间接收监测，陕西天文台还派员赴喀什、海拉尔等地接收监测。监测结果表明：发射功率小，信号波形未达到设计要求，信号覆盖半径仅为2000千米左右。

1973年8月，中国科学院组织有关专家对BPM短波授时台进行技术审查，并提出了扩建建议。扩建内容包括：加大发射机功率，增加4台50千瓦发射机；恢复30—60米高铁塔天线，并增加天

知识链接

原子时 原子时(International Atomic Time)是以物质的原子内部发射的电磁振荡频率为基准的时间计量系统。

BPM短波授时台 BPM短波授时台每天24小时连续不断地以四种频率(2.5兆赫、5兆赫、10兆赫、15兆赫，同时保证3种频率)交替发播标准时间、标准频率信号，覆盖半径超过3000千米，授时精度为毫秒(千分之一秒)量级。

线铁塔数量，使之形成天线阵；时间基准由现用石英钟逐步采用原子钟，并建立原子时基准。1973年12月，BPM短波授时台停播，实施扩建。

在扩建期间，国家要求中国科学院在短波授时中增加远洋授时服务。1975年1月，中国科学院决定在BPM短波台扩建中增加3台150千瓦发射机和相应的多副定向天线，并新建洞外发射机房。

扩建工程于1978年完成，次年重新试播。试播期间圆满完成我国向太平洋预定海域发射远程运载火箭试验中的授时保障任务。1980年12月，中国科学院在临潼召开BPM短波授时台鉴定会。鉴定会认为，BPM短波授时台达到设计要求，可以交付使用。

1981年2月，中国科学院就BPM短波授时台正式发播问题向国务院提出请示报告。国务院同意1981年7月1日起，BPM短波授时台正式承担发播我国短波时号任务，届时上海天文台停止BPV时号发播。

从此，我国自主建设的无线电授时系统正式登场。

③ “3262工程”：长波授时台建设

BPM短波授时台的建立，基本适应了国民经济建设的需要，满足了毫秒量级用户的需求。随着我国战略武器和空间技术的飞速发展，急需建立一个完全独立、自力更生的具有更高精度的授时服务体系，以满足国防和国民经济飞速发展的需要，并与国际授时领域迅速发展的新技术接轨。这便是长波授时台建设，代号“3262工程”。

图2-8　早期的长波授时台

(1) 从“326”到“3262”

早在酝酿筹建西北授时台的过程中，国防部门就建议建立长波、超长波授时台。“651”计划的“时间统一勤务系统初步方案”中把采用长波授时，在西安地区建立以原子时标准为基础的长波授时台列为最佳方案。

1972年1月18日，在“关于筹建长波授时台的请示报告”中提出，中国科学院以长波授时台作为“326工程”的第二期工程，确定其代号为“3262工程”。同年5月，中国科学院向全国无线电管理委员会申请长波授时台使用频率100千赫。全国无线电管理委员会于5月18日批复同意。

1972年5月16日，中国科学院颁发中国科学院“3262工程”指挥部印章，标志着长波授时台建设的正式开始。

(2) 从小长波台开始试验

建成了短波授时台，并不意味着能建成长波授时台，因为二者区别很大。长波台授时精度是微秒量级，比短波台授时精度提高了1000倍，长波台授时的复杂性将远远超过短波台授时1000倍。短波台用3年建成一个基本系统，经过4年测试，测试后又进行了5年的建设，总共花费了12年，按照复杂程度估算，长波台的建设没有三四十年是完不成的。

在此条件下，科研人员需要开拓思路，利用创新的方法实现长波台的快速建设。科研人员提出了“两步走”的建设思路：先

图2-9 长波台地下发播大厅建设工地

快速建设一个试验性的小长波台，开展试验和分析，试验通过以后再投入工程建设。这样，主要的技术能够快速确定，有利于长波台的建设。

1973年7月10日，中国科学院向国家计委报送《“3262工程”计划设计任务书》。国家计委于9月3日批复，同意按任务书提出的任务方向和科研内容开展工作。

1973年12月，中国科学院在北京召开“3262工程”任务落实会议，成立由中国科学院等组成的协调小组协调工程建设中的重大问题。至此，“3262工程”建设全面展开。

(3) 对小长波台的充分测试

按照国务院、中央军委批复建设“两步走”原则，1974年11月，小长波台破土兴建，1975年7月完成，中国科学院随即在西安召开小长波台试播工作会议，确定试播测试方案。1976年7月，小长波台开始试播。

建设小长波台的目的是测试并掌握长波信号发射与传播规

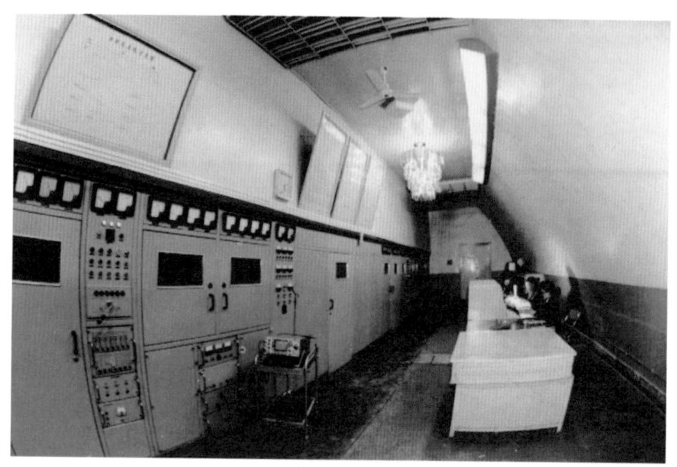

图2-10 长波台地下发播大厅

律，“3262工程”指挥部投入了极大精力进行试验。

首先开展的是飞机搬运钟试验，即利用飞机携带原子钟，在临潼、银川、定襄、酒泉、成都、西昌等9地15个点，对长波的电波传播规律进行试验。

然后进行火车、汽车的搬运钟试验，在20基地东风站—大树理、27基地西昌站—勉宁之间分别进行陆地上的搬钟试验。

接下来沿长江进行试验，在重庆—上海之间进行信号接收试验，完成长江的接收测试。

最后进行海上接收试验，在上海—锦西沿东海、黄海的海上传播测试，充分了解长波在海上的传播性能。

经过一年多的测试，“3262工程”指挥部组织国内科研人员对测试数据进行了详细的分析，确定了小长波台的性能是可靠的，符合预期建设目标。于是，从1979年11月1日起，小长波台每天定时发播，呼号为BPL，频率为100千赫。

小长波台的建设和测试为大长波台的建设扫平了一切障碍，确定了大长波台建设的总体技术方案和建设过程，大长波台的建设顺利启动。

图2-11 长波台天线阵

(4) 达到世界一流水平的大长波台

长波授时台主体工程（大功率长波发射系统）主要包括发射机房、传输电缆、天线架设等土建工程和所需设备的研制。1978年5月，主体工程开始施工，1979年9月完成。

长波授时台是当时国际上最先进的授时系统，在国外的长波授时台中，关键部件都属于高科技产品。科研人员不怕困难，协作攻克了一个个技术难关，自主研制生产出了所有关键的设备，谱写了一曲团结奋斗的凯歌。

在蒲城建设发射台的同时，临潼也在建设台部机关、办事机构、时频基准、研究室和工厂。1980年10月，除发射台外，其他部分迁驻临潼新址，成为陕西天文台本部，蒲城部分，定名为陕西天文台二部，在本部领导下开展各项业务工作。

1979年，陕西天文台利用3台国产铷原子钟和2台国产氢原子钟，建立起我国独立的原子时间标准，正式出版以原子时为标准

ISSN 1001-1811

时间频率公报

TIME & FREQUENCY BULLETIN

2015年6月

中国科学院国家授时中心

NTSC

National Time Service Center

Chinese Academy of Science

ISSN 1001-1811

图2-12 时间频率公报

的《时间频率公报》。1980年5月，陕西天文台引进了3台美国商品铯原子钟参加守时。从1981年1月1日起，陕西天文台原子时在国际时间局的公报上每月刊布。

1983年，大功率脉冲发射机与天线连通，先以半功率试验发播，并继续进行调试。1985年5月26日，最终联调成功后，发射系统正式交付使用。7月1日起，以全功率正式试验发播BPL长波授时信号。

1986年6月16日至20日，由国家科委主持在临潼召开长波授时台国家级技术鉴定会。鉴定会议认为：长波授时台技术指标达到总体方案设计要求，它的建成把我国授时精度由毫秒量级提高到微秒量级，使我国在原子时授时系统方面进入世界先进行列，填补了我国在授时领域的空白，BPL长波授时台具备正式发播条件。

1987年1月2日，国家科委颁发了“长波授时台”国家级鉴定证书。BPL长波授时台由试播转为每天定时发播，正式开始承担我国的长波授时任务。

图2-13 长波授时台国家级技术鉴定会代表合影

知识链接

BPL长波授时台，现每天24小时连续不断地发播我国标准时间、标准频率信号，发播频率100千赫，地波信号作用半径1000—2000千米，天地波结合作用半径为3000千米，覆盖全国陆地和近海海域。授时精度为微秒（百万分之一秒）量级。

长波授时台的研制建设是个庞大的技术系统，涉及众多专业领域，在当时的历史条件下，是完全依靠我国的科技工作者自主研制建设完成。长波授时系统的建立，将我国陆基无线电授时精度提高到微秒量级（百万分之一秒），达到当时国际先进水平，使我国授时水平一跃跻身世界先进行列。该项成果1988年获国家科学技术进步奖一等奖，并作为国家重大科技成果参加了1984年国庆35周年的天安门庆典活动。

图2-14　长波授时台参加国庆35周年游行的彩车

④ 我们国家的一面大钟

短波授时系统的建立，使我国具备了连续的、全国土覆盖的高精度授时能力。而长波授时系统则将我国陆基无线电授时精度由千分之一秒的毫秒量级提高到百万分之一秒的微秒量级，授时精度提高了1000倍。我国授时水平一跃跻身世界先进行列。

长短波授时系统自建立以来，为我国国民经济发展、国防建设、国家安全等提供了可靠的高精度的授时服务，满足了国家的需求，完成了我国历次“神舟”飞船、登月计划和卫星发射等任务的时间测定保障，多次受到国务院的贺电嘉奖。

早在长波授时台设计方案论证的时候，钱学森就强调，长波授时台的建设，就是要“建设我们国家的一面大钟”。而这面“大钟”自建成以来，其“钟声”便一直回荡于神州大地的每个角落。

第三章 走近长短波授时系统

我们每天都可以听到收音机里传来北京时间的报时声。那么，你有没有深究一下这个时间到底是从哪里传来的？实际上，它并非来自于北京，而是来自于陕西西安的国家授时中心，这里负责维护运行我国的大科学装置——长短波授时系统。北京时间在临潼本部产生以后，通过蒲城授时部的大天线以长波和短波信号传递出去。

扫码看视频

中国科学院国家授时中心是北京时间的产生地。

① 北京时间的产生地：陕西西安

历史文化名城西安的市中心有一座钟楼，浑厚的钟声承载着古人的标准时间，从唐朝到清朝，这里的钟声一直是古人安排劳作和生活的标准。而现在，在这座钟楼东边30千米处，有一座幽静的小院，告诉人们现代的标准时间，这就是中国科学院国家授时中心。

从华清池前往兵马俑的秦唐大道上，可以看见授时中心的大门，这里最明显的特色就是高耸的钟楼，看着时钟指针稳定而又有力的转动，仿佛能感到时间的律动。每到整点，清脆的北京时间报时声就会响起。

从大门往里看，能看到一个幽静的小院，绿树成荫。正对着大门的科研楼庄重肃穆，楼顶上的天线透露出院子里的现代化气息。

图3-1　中国科学院国家授时中心

图3-2 产生北京时间的科研楼

穿过紫藤走廊，就可进入产生北京时间的科研楼。

科研楼的走廊里静悄悄的，偶尔能听到实验室里计算机键盘的敲击声。走廊上悬挂着数字钟表，这个数字钟表显示了它的独特，秒后面竟然还有一位，不断跳动着的数字表明时间的精确。

左边第一间房子就是北京时间的产生地，整洁的机柜里放满了复杂的设备，上面一排显示屏显示各种时间。如果不到这里，还真不知道有这么多种类的时间。

图3-3 走廊上的钟表显示了精确的时间

最左边的一个机柜是年、月、日的显示，黑底红字显示出现在的年、月，这是比较粗略的时间。

从左边第二个机柜就可以看到北京时间，显示的是时、分、秒信息。我们经常在电视中看到、在广播里听到的北京时间，都

知识链接

协调世界时 协调世界时（英文：Coordinated Universal Time，法文：Temps Universel Coordonné）又称世界统一时间、世界标准时间、国际协调时间。由于英文（CUT）和法文（TUC）的缩写不同，兼顾两者，简称UTC。

要与这个时间对准，这个机柜也算是北京时间的“老家”了。看到这里，不禁会想到一个问题，北京时间又是和什么对准的呢？

世界上的标准时间是协调世界时（UTC），所有的时间都要和它对准。但UTC是事后发布的，不能实时应用，各个国家都需建立自己的标准时间，建立的时间与UTC的偏差需要控制在100纳秒以内。我们国家的标准时间是UTC(NTSC)(NTSC为国家授时中心英文缩写)，与UTC的偏差控制在10纳秒以内，这就是第三个机柜

图3-4　显示北京时间的机柜

显示的时间。

UTC与格林尼治天文台所在的零时区的地方时一致，各个地方使用的时候需要加上时区差，我国的标准时间处在东八区，需要在UTC上加上8个小时，所以第二个机柜上的时间和第三个机柜上的时间相差8个小时。

第四个机柜上显示的是原子时，2015年7月1日以来它比UTC(NTSC)快了36秒。原子时是根据原子钟得到的时间，它的秒长是UTC的秒长。由于地球自转逐渐变慢，为了防止UTC与地球自转的世界时脱节，就在原子时的基础上，定期将UTC增加1秒，这样，UTC比原子时越慢越多，等到UTC与原子时的偏差快要达到0.9秒时，人们再次改变这个值。

这些时间显示屏的下面是一台台精密的设备，整齐地放在机柜上。

中央电视台在2013年元旦文艺晚会上曾专门介绍北京时间的来源。

图3-5 中央电视台对三种时间的介绍

看了这么多的设备，还没有看到标准时间产生的源——原子钟。它是标准时间产生的基准，位于科研楼的地下室。原子钟属于极其精密的设备，人走路造成的微小振动、汽车启动时辐射的弱小的电磁波等都会影响它的性能，所以要把它放在地下室。

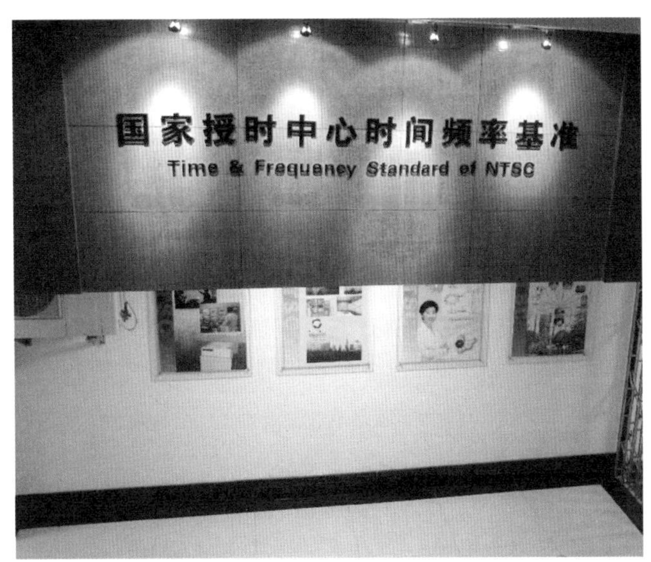

图3-6　放在地下室的原子钟

地下室非常安静，站在这里，仿佛能听到自己心跳的声音。这里不但隔绝了外部的电磁波，也隔离了马路上的振动，甚至连温度都控制到极致，波动只有1摄氏度。这些条件为原子钟的工作创造了极好的环境，使其可以发挥出其最佳的性能。

隔着玻璃，可以看到全国最大、世界第三大的原子钟组，这里有三十多台铯原子钟，四台氢原子钟，为创造出北京时间提供了极好条件。

在这里，工作人员需要测量每台原子钟的偏差，进行精确修正，以得到最准确的时间。据统计，我国北京时间的精确性处于世界前三名。

北京时间产生后，怎么才能让大家使用标准时间呢？这就要通过距离临潼90多千米的授时台，那里有长波授时台和短波授时台，将国家授时中心临潼本部产生的标准时间发射到全国各地。

② 北京时间的发射场：陕西蒲城

国家授时中心授时部坐落在陕西省渭北高原的蒲城县城西。

授时部错落有致地排列着十几座红白相间的天线塔，天线塔高12—24米不等，一座座天线塔直指云霄。

天线塔之间连有线缆，将几个圆环连接起来，这就是短波授时天线。通过天线将带有时间信息的短波信号发射到全国，在天气条件好的情况下，短波信号能传至全球范围。

比短波授时天线更高的是长波授时天线，它由四根高206米的天线塔支撑，呈倒正方锥体形状，整个天线体占地约20公顷。

图3-7 授时部大门

图3-8 短波授时天线

发播控制与综合实验大楼后面是监控室，这是整个授时部工作的基础。监控室第一个功能是产生信号发播的参考时间，这个参考时间由放在地下室的两台原子钟产生。两台原子钟并行工作，以确保在任何一台出现异常的情况下不影响工作。这两台原子钟的时间也通过远程的时间比对方式，获得与UTC(NTSC)的时差，通过这个时差控制本地原子钟的时间与UTC(NTSC)保持在一定范围以内。

为保证发射信号的准确性，在信号离开天线时，取出一路信号，送到发播监控室，与本地参考时间进行比对，确保发射时间信号准确可靠，这是监控室的另一个功能。

在监控室的左边是短波发播控制机房，机房里一排排的机柜，指示灯一闪一闪地运行。短波台一天24小时发播，根据各个频率

图3-9　短波授时信号发播控制机房

图3-10　短波授时信号发播控制大厅

传播特性的区别，一天不同时段用不同的频率进行广播。

长波发播控制机房里的64组发射模块并行运行，每个模块都实现了热插拔，即使其中5个模块损坏也不会影响系统的工作，可

图3-11　长波发播控制机房和天线

图3-12　设在临潼的长短波信号监测站

靠性比较高。

实际上，发射信号性能的监测还有一层监视，这就是位于临潼的监测站。为了确保信号质量，在临潼利用UTC(NTSC)作为参考，用接收机接收长波和短波的授时信号，测量长波、短波授时台发播的信号质量，务求做到“一丝不苟，分秒不差”。

随着人类科学技术的发展进步和对事物认识的不断深入，标准时间的定义和测量经历了从地球钟到原子钟的发展演变。当前协调世界时既拥有稳定的原子时秒长，又和天文时间一致，可以满足当前天文观测、深空探测、卫星导航等各类应用需求。标准时间的产生与保持技术依然在不断发展进步，随着脉冲星计时和光钟的研究与应用，必将时间的产生与保持精度推向一个新的高度。

我国标准时间（北京时间）的性能国际一流。

①世界时：地球钟指示的时间

标准时间的测量和保持技术依赖于所处时代的科技发展水平。20世纪60年代之前，标准时间的测量和定义是以天体运动的观测结果为基础的，即以地球自转周期为基础的世界时（Universal Time，UT）。因此，一直以来，标准时间的产生和保持（也称为守时）由天文台负责。每当整点时，广播电台便会播出“嘟、嘟”的响声，人们便以此校对钟表的快慢。广播电台播报的时间又是从哪里来的呢？它是由天文台精密的钟去控制的。那么天文台又是怎样知道这些精确时间的呢？

我们知道，地球每天自转一周，天上的星星每天东升西落一次。如果把地球当作一个大钟，天空的星星就好比钟面上表示钟点的数字。天文学家已经可以测定星星的位置，也就是说，这个天然钟面上的钟点数是很精确的。天文学家的望远镜就好比钟面上的指针。在我们日常使用的钟上，指针转而钟面不动；在这里，看上去则是“指针”不动，“钟面”在转动。当望远镜对准星星时，天文学家便知道准确的时间，用这个时间去校正天文台的钟。如此，天文学家可随时从天文台的“钟面”知道准确的时间。

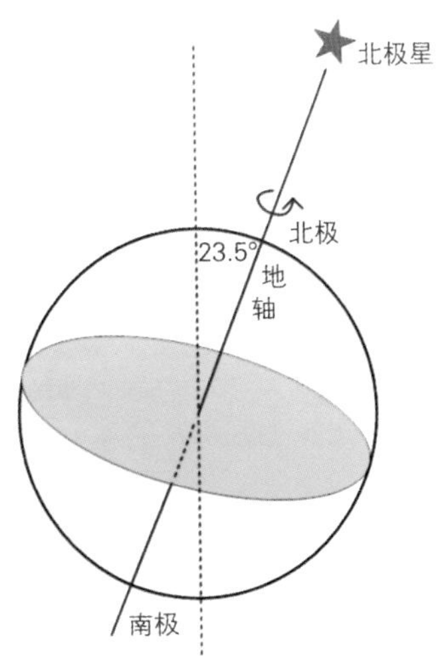

图4-1 周期性自转的地球

天文学家通过观测天象，确定了一个标准的时间，这个时间就是人们生活中所有钟表对准的依据。

(1) 世界时的由来

地球自转的角度可用地方子午线相对于天球上的基本参考点的运动来度量。为了测定地球自转，人们在天球上选取了两个基本参考点——春分点、平太阳，以此确定的时间分别称为恒星时和平太阳时。恒星时虽然与地球自转的角度相对应，符合以地球自转运动为基础的时间计量标准的要求，但不能满足日常生活和应用的需要。人们习惯上是以太阳在天球上的位置来确定时间的，但因为地球绕太阳公转运动的轨道是椭圆形，所以真太阳周日视运动的速度是不均匀的（即真太阳时是不均匀的）。为了得到以真太阳周日视运动为基础而又克服其不均匀性的时间计量系统，人们引进了一个假想的参考点——平太阳。它在天赤道上做匀速运动，其速度与真太阳的平均速度相一致。

知识链接

子午线 也称经线，和纬线一样是人类为度量方便而假设出来的辅助线，定义为地球表面连接南北两极的大圆线上的半圆弧。

平太阳时 太阳连续两次经过上中天的时间间隔，称为真太阳日，把一年中真太阳日的平均称为平太阳日，并且把1/24平太阳日取为1平太阳时。

春分点 天球上的一个基本点，是计量天体的赤经与黄经的起点。

历书时 是由天体运动的规律确定的均匀时间尺度，历书时秒的定义为1900年1月0日12时正回归年长度的1/31556925.9747。

平太阳时的基本单位是平太阳日，1平太阳日等于24平太阳时，86400平太阳秒。以平子夜作为0时开始的格林尼治平太阳时，就称为世界时。

20世纪60年代以前，世界时作为基本时间计量系统被广泛应用。因为它与地球自转的角度有关，所以即使出现了更加均匀的原子时系统，世界时对于日常生活、大地测量、天文导航及其他有关地球的科学仍是必需的。

世界时是以地球自转为基准得到的时间尺度，其精度受到地球自转不均匀变化和极移的影响。为了解决这种影响，1955年国际天文联合会定义了UT0、UT1和UT2三个系统。

UT0系统是由天文观测直接测定的世界时，未经任何改正；该系统曾被认为是稳定均匀的时间计量系统，被广泛应用。UT1系统是在UT0的基础上加入了极移改正数。UT2系统是在UT1的基础上加入了地球自转速率的季节性改正数。

在现代守时中，人们应用更多的是UT1。UT0由天文观测直接获得，具有可测性和较高的实时性，其物理意义为地球自转相对于太阳的周日长度。由于UT0受到地球极移的影响明显，必须经过相应修正，修正后获得的UT1的稳定度和准确度比UT0更好，实际测量中UT1的测量实际上是地球自转角的测量。UT2是在UT1的基础上再扣除季节变化的影响后获得的，需要一年以上的数据进行计算，虽然精度更高，但其实时性太差，且不利于天文观测、深空探测等应用。

（2）世界时区的划分

世界时区的划分既是科学研究的需求，更是世界经济与政治发展的需求。以观测者所在地的子午线为基准测出的平太阳时，称为地方平太阳时。同一瞬间，位于地球不同经度的观测者测出的地方平太阳时是不同的，因此需要一个统一标准。19世纪中叶，欧美一些国家开始采用一种全国统一的时间。这种时间多以本国首都或重要商埠的子午线为标准，例如英国采用格林尼治时间，法国采用巴黎时间，美国采用华盛顿时间。这种时间在一国之内使用尚无不便，但是，随着铁路长途运输和远洋航海事业的发展，人们的国际交往越来越频繁，各国仍旧采用各自未经协调的地方时，给人们带来很多困难。于是在19世纪70年代，有人提出在全世界按统一标准划分时区，实行分区计时。这个建议先在美国和加拿大实行，后被多数国家所采用。1884年华盛顿国际子午线会议决定，将这种按全世界统一的时区系统计量的时间称为区时，又称标准时。

世界时区的分法是：每时区横跨经度15°，全世界划分为24个时区。英国格林尼治天文台所在的时区为零时区，范围从西经7.5°到东经7.5°，在此时区内统一使用格林尼治时间；零时区以东是东一时区，从东经7.5°到东经22.5°，以东经15°的时间为标准时；再往东，依次是东二区、东三区……东十二区。同样，从零时区向西，依次是西一区、西二区、西三区……西十二区。每跨一个时区，时间相差一小时；同一时区内，区时和地方时之差不超过半小时。时区与时区之间，相差整数小时，分和秒相同。例如，我国北京时间是东八区区时，也就是东经120°标准时，北京在格林尼治以东的东八时区，也就是格林尼治时间加8小时。如果现在格林尼治时间是7时30分，那么北京时间就是7时30分加上8小时，即15时30分。

（3）世界时的服务

世界时作为以地球自转运动为依据的科学的时间计量系统，为人类社会活动和科学技术发展做出了独特的贡献。天文学家利用等高仪、天顶筒等，观测恒星过观测者子午圈、等高圈、天顶等特定天区的位置测定世界时，并利用精密机械钟、石英钟等

“守住时间”，然后把世界时信息通过无线电波传播给用户。国外把世界时信息经由无线电波传向四面八方，供大范围用户使用的工作叫作时间服务，在中国称为授时。

在无线电授时之初，天文测时精度为几十个毫秒，但授时精度仅为1—2秒。其中既有天文测时误差，又有发播设备误差和精度误差。虽然世界时在定义上是严密的，其测量方法也是科学的，但它的最后结果却令人难以接受。为此，法国于1912年10月在巴黎召开了一次国际会议，讨论成立国际时间局（BIH），旨在协调改进世界时服务。然而第一次世界大战的爆发使得国际时间局章程的制定搁浅。尽管如此，在巴黎天文台的大力协助下，国际时间局很快以非官方的形式运转起来。国际时间局正式成立于1919年，1921年被国际天文学会（IAU）接纳为下设机构，总部设在巴黎天文台。国际时间局成立之初的主要任务是统一协调和发布各国授时资料，并利用这些资料组成“平均天文台”，即综合系统的“主钟”，制定出国际时间局的“确定时”。定期发布确定时的时号改正数。到1936年，“确定时”的精度已经由原来的1—2秒提高到0.2秒。进入20世纪60年代，“确定时”的精度已经提高到2毫秒。

1988年，国际时间局的时间测量协调职能转交给了国际权度局（又称国际计量局，BIPM），天文和大地测量业务归于国际地球自转服务中心（IERS）。

② 原子时：由原子钟得到的时间

随着现代科技的飞速发展，人们对时间的测量精度要求越来越高。人造卫星、火箭的发射，运动目标的精密定位，数字通信以及现代天文学、物理学、大地测量学等学科的发展，都要求时间标准具有很高的准确度、稳定度和均匀性。由于天体测量的世界时的实际测定比较困难，而且难以达到较高的精度，无法满足应用的需要，科学家一直在探索新的时间测量标准。科学家发现，原子跃迁频率稳定的特性可以用于计量时间，于是发明了原子时计量系统。随着原子跃迁的原子钟的出现及不断改进，人们认为微观世界的这种特性可以作为均匀的时间标准计量时间，新的时间计量系统——原子时应运而生。

每个原子都有一个原子核，核外分层排布着高速运转的电子。当原子受到X射线或电磁辐射时，它的轨道电子可以从一个轨道跳到另一个轨道，物理学上称此为“跃迁”。跃迁时，原子将吸收或放出一定频率的光。它的频率稳定，于是科学家开始思考和探索利用原子的振荡制作原子频标。

早在1873年，麦克斯维尔（J. C. Maxwell）和凯文（W. T. Kelvin）就分别提出，发射光谱的谱线波长和辐射周期可以用来确定长度单位和时间单位。历史证明，这是一个具有卓识的预言。

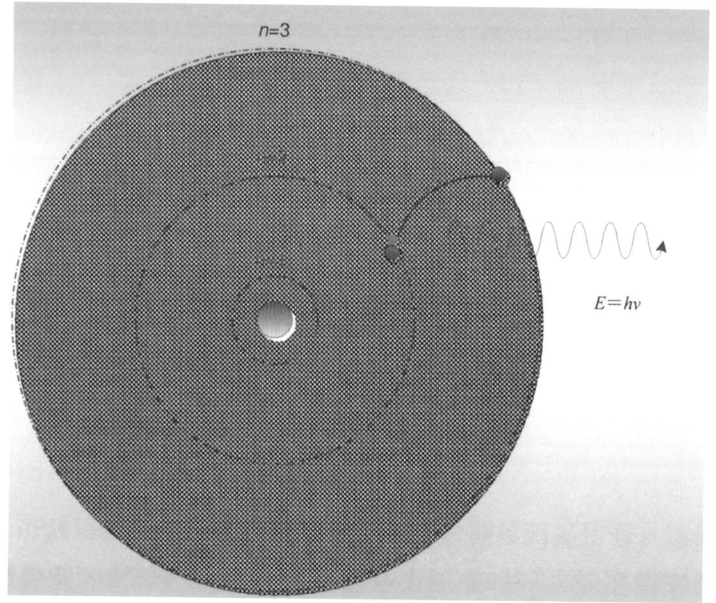

图4-2　原子结构

知识链接

根据美国物理学家拉比（I. Rabi）的原子和分子束谐振理论，原子在发生跃迁时，其谐振频率f_0可以表示为：

$$\mathrm{h}f_0 = W_p - W_q$$

h为普朗克常数，W_p和W_q为原子跃迁前后两个能级上的总能量，它们取决于原子自身的物理特性。这就是说，f_0不会随着环境的变化而变化。在理想情况下，谐波振荡的相位可以表示为：

$$\varphi = \varphi_0 + 2\pi f_0 t$$

如果利用某种方法观测并记录φ随时间t的变化，就可以测量时间。上式中φ_0为初始相位。

后来，随着电磁学、量子物理学、原子物理学和波谱学的发展，石英钟横空问世。这是20世纪30年代时间计量科学中的一件大事。石英钟在短期内测量时间的精度遥遥领先于天文方法，天体测量学家利用它发现了地球自转速率的季节性变化。虽然石英钟的晶体振荡频率取决于晶体的几何形状和人工切割技术，因而不具备时间计量标准的复制性，但是它的出现却孕育了20世纪50年代初分子钟和原子钟的诞生。1936年，拉比提出了原子和分子束谐振理论，并进行了相应实验，得到了原子跃迁频率只取决于其内部固有特征而与外界电磁场无关的重要结论，揭示了利用量子跃迁实现频率控制的可能性。不过，这方面实验和研究工作曾因“二战”爆发而一度中断。1955年，英国皇家物理实验室研制出世界上第一台铯原子钟，开创了制造实用型原子钟的新纪元。拉比的学生扎查利亚斯（Zacharias）成功研制出实用型铯原子钟，并于1956年开始商业化生产。

（1）原子时秒长定义

自从发明了铯原子钟，人们便提出以原子秒长作为时间计量的标准。但在20世纪60年代初期，铯原子钟的精度并不高，加之传统的天文测时习惯势力的影响，因此在1964年的第十二届国际计量大会上，科学家虽然认同做出新定义的必要性，同时又指出实施的时机尚不成熟，决定对铯^{133}（Cs^{133}）超精细能级跃迁做出进一步的研究。

1967年，铯原子钟的精度提高到1×10^{-12}量级，表明做出新的时间秒定义已经成熟。1967年10月，在印度新德里召开的第十三届国际计量大会正式把由铯原子钟确定的原子时定义为国际时间标准。新秒长规定为：位于海平面上的铯^{133}原子基态的两个超精细能级间在零磁场中跃迁振荡9192631770个周期所持续的时间为一个原子时秒。这一定义的确立，标志着时间计量新时代的到来。此定义一直沿用至今。更大的时间单位由秒的累加而得。

我们看到，在第十三届国际计量大会上通过的决议只是给出了时间计量的单位——秒长的定义，这对于建立新的时间计量系统来说还是不够的。时间计量与其他物理量的计量不同，它必须给出两个要素，即计量的基本单位和时刻的起算点，这样才能保证历史事件记录的连续性。

（2）国际原子时

日月星辰相对于人类历史来说是永恒的，因此在天文测时时代，人们可以不考虑天文时钟的寿命。进入原子守时时代以后，时间的产生和保持不可能由单台精确的钟完成单台原子钟的寿命也有限，如铯原子钟的寿命只有3—5年，现代时间的产生和保持是由一组原子钟共同产生、多台原子钟综合得到的时间尺度，其稳定度和可靠性都优于任何单台原子钟。因此，一个国家的时间通常是由多台原子钟与测量比对系统等共同产生，而国际标准时间则由来自全球所有国家的原子钟共同产生，这就是国际公认的原子时系统——国际原子时（TAI）。

我们知道，原子时的秒定义更新后就有了国际原子时，但其起点却在1958年1月1日0时0分0秒，这是为什么呢？实际上，1955年科学家就研发出了铯原子钟，但由于当时时间的产生和保持主要通过天文观测获得，且天文学研究更多依赖于以地球自转为基础的世界时，另外就原子时本身而言，原子钟产生秒长的稳定度还不够高，尚不足以完全替代世界时。为了检验原子时的性能，国际上几个重要实验室将其运行的原子钟进行联合解算，形成一个跨越国界的“原子时系统”，这个系统从1958年1月1日0时0分0秒起和当时的世界时对齐，同步运行。直到1967年，原子钟的性能才有了较大的提高，而科学技术的各个领域的应用也正越来越需要高稳定、实时的时间频率信号。1967年10月，新的秒长定义产生后，“原子时系统”改称为“国际原子时”。国际原子时的起点是1958年1月1日0时0分0秒。

当前，国际原子时是通过全球70多个实验室的400多台（截至2014年12月）原子钟综合计算获得的。要说明国际原子时如何计算，就必须先说明一个重要的名词——自由原子时（EAL）。国际权度局按照原子时算法，对全球各实验室的原子钟数据进行加权平均处理，计算得到自由原子时。由于自由原子时选用的原子钟为守时型原子钟，无法保证加权平均后的时间尺度的准确性，因此需要利用基准型原子钟对自由原子时进行校准，自由原子时经校准后就得到了国际原子时，这样就可使国际原子时的平均间隔尽可能接近定义值。

根据原子钟在国际原子时产生过程中的作用，可以将其分为两种：一种是守时型原子钟，另一种是基准型原子钟。守时型原子钟具有很高的可靠性，可以长期稳定地输出时间间隔信号，如铯原子钟HP5071A、氢原子钟MHM2010等，但守时型原子钟的准确性不如基准型原子钟。基准型原子钟是复现时间间隔单位“秒”最准确的装置，通常在实验室运行，其输出信号一般是间歇性的。计算自由原子时选用的原子钟为守时型原子钟，无法保证加权平均后的时间尺度的准确性，因此需要利用基准型原子钟（或称作基准频标）对自由原子时进行校准，以使国际原子时的平均间隔尽可能接近定义值。

③ 协调世界时：无可奈何的折中

通过天体测量而获得的天文时间在人类历史活动和科学技术进步中发挥过巨大作用，但是，由于天体运动的周期不够稳定，其观测周期过长，测量精度不高，不能满足现代科学技术高速发展的需要。在20世纪50年代以后，天文时间逐步被以量子物理学为基础的原子时间频率标准所代替，这就是国际原子时。

（1）从原子时到协调世界时

原子时由原子钟提供，它的秒长十分稳定，能够满足对时间间隔均匀性要求很高的精密校频等的要求，但它的时刻没有具体物理内涵。世界时的时刻对应于太阳在天空中的特定位置，反映地球在空间旋转时地轴方位的变化。这不仅与人们日常生活密切相关，而且在大地测量、天文导航和宇宙飞行体的跟踪测量等科学技术领域中具有实际应用价值。但是地球自转不均匀的特性使得世界时的秒长不固定，大致呈逐年变长的趋势。因此，原子时与世界时时刻的差距将越来越大。

时间服务部门一般不可能以原子钟的时间作为标准时号，同

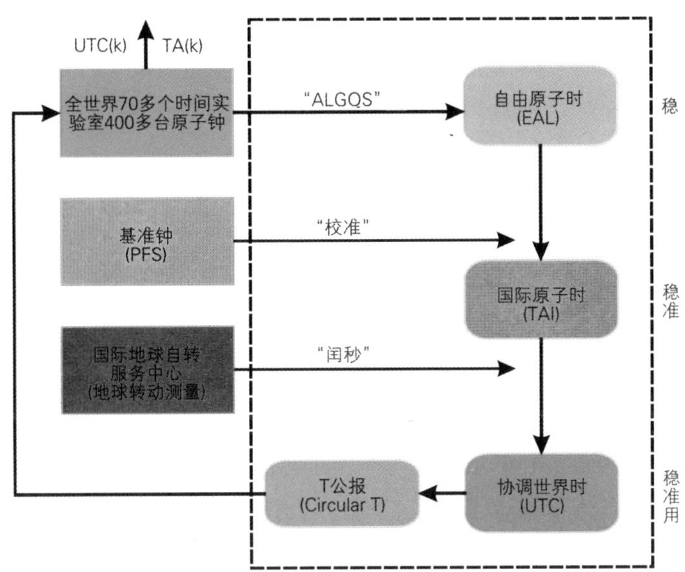

图4-3　BIPM标准时间的产生流程

时满足性质完全不同的这两种要求，因而提出了世界时与原子时如何协调的问题。

假设在时刻t_0，原子时时刻与世界时时刻之差为0。由于地球自转不均匀，从t_0时刻以后，原子时与世界时的偏差便不再为0，而且随着时间的推移，两者的差值会越来越大。

科学家的做法是调整原子时，使其时刻与世界时保持一致。也就是说，"地球钟"不能随意拨动，只好拨动原子钟，让它尽量接近地球钟。这种时间尺度实际是原子时秒长与世界时时刻相互协调的产物，因此称之为协调世界时。

（2）闰秒

协调世界时的技术要点是：从1972年1月1日0时起，协调世界时秒长采用原子时秒长；时刻与世界时UT1时刻之差保持在±0.9秒之内，必要时用阶跃1整秒的方式来调整。这个1整秒的调整，称为闰秒。协调世界时从1972年1月开始正式成为国际标准时间，它代表了国际原子时和世界时两种时间尺度的结合。目前，所有闰秒都是正闰秒，这是因为地球自转越来越慢，导致“世界时”秒越来越长，所以要对“协调世界时”加上1秒。地球自转为何越来越慢？科学家认为是由于潮汐和地球内部结构所致。

知识链接

原子时尺度——TA(k)与UTC(k) 国际原子时和协调世界时由国际权度局时间部计算并发布，它们都是滞后的时间尺度，因为目前要得到符合计量学要求的最终结果需要1个月的资料积累和归算。因而，每个国家的时间实验室都保持自己的时间尺度，以便及时满足本国的应用需要。这些时间尺度是与国际原子时和协调世界时进行仔细比对的时间尺度，它们是独立的地方时间尺度TA(k)和UTC(k)，k为实验室名称。

目前，全世界有多个实验室保持独立的地方原子时TA(k)，它们分别由各守时实验室保持的原子钟组及相关的测量比对系统、数据处理系统、国际溯源系统、条件保障系统等组成。在中国，只有一个原子时，就是由中国科学院国家授时中心产生并保持的TA(NTSC)。

截至2015年，闰秒数已经达到了36秒。闰秒是一个全球行动，设在法国巴黎的国际地球自转服务中心根据对地球自转参数的监测结果，对全球发布闰秒公告。闰秒的规律基本上是“三年

表4-1　近年来闰秒情况

闰秒时刻（协调世界时）	北京时间	备注
19990101　00h00m00s	19990101　08h00m00s	正闰秒（UTC向后拨）
20060101　00h00m00s	20060101　08h00m00s	正闰秒
20090101　00h00m00s	20090101　08h00m00s	正闰秒
20120701　00h00m00s	20120701　08h00m00s	正闰秒
20150701　00h00m00s	20150701　08h00m00s	正闰秒

两闰”，但也有例外，例如，2006年元旦发生的闰秒与1999年时隔7年。两次闰秒之间的时间间隔并非是固定的，这是由于地球自转速率具有不稳定性，既有季节性变化，也有长期性变化，这也决定了我们无法预测下一个闰秒会在何时出现。2015年7月1日以后，UTC与TAI的差为36秒。即UTC−TAI＝−36s，差值为负表示地球自转呈长期变慢的趋势。

一般情况下，闰秒的设置是在协调世界时年末12月31日或者年中6月30日。正常情况下1分钟是60秒，从第0秒到第59秒，

图4-4　2015年7月1日国家授时中心闰秒调整

协调世界时 2012.6.30
23:59:60
北京时间 2012.7.1
07:59:60
中国科学院国家授时中心

图4-5 2012年6月30日闰秒截图

然后进入下一个1分钟的第0秒。如果是正闰秒，则在闰秒当天的23时59分60秒后插入1秒，对应北京时间下一个1天的7点59分59秒，插入后的时序是：……58秒，59秒，60秒，0秒……这表示地球自转慢了，这一天不是86400秒，而是86401秒；如果是负闰秒，则把闰秒当天23时59分中的第59秒去掉，去掉后的时序是：……57秒，58秒，0秒……这一天是86399秒。

(3) 协调世界时计算过程

UTC是“纸面”时间，为了使用户能够获得实时、接近于UTC的物理时间信号，全球各地的时间中心参照国际标准时间UTC时间尺度的建立方式，利用一组原子钟建立时间保持系统，通过建立本地时间系统与UTC的比对和溯源关系，获得稳定的地方协调世界时，一般记作UTC(k)。国际权度局整合这些实验室的原子钟的数据，利用ALGOS算法（国际权度局采用的原子时计算方法），计算得到原子时尺度，使其频率稳定度、准确度和可靠性好于钟组内单个钟所产生的原子时尺度。国际权度局标准时间的产生计算流程：

①全球归算，获得自由原子时。利用全球参加国际原子时合作的400多台（截至2014年12月）原子钟加权平均，每台钟的加权主要考虑自由原子时的长期稳定度。

②频率校准，实现国际原子时。国际权度局通过时间传递手段得到几个时间实验室的基准频标的频率（进行广义相对论和黑体辐射改正后）的加权平均，用于与自由原子时的频率进行比对，对自由原子时的频率进行驾驭而得到国际原子时。

③闰秒调整，获得协调世界时。国际权度局在计算得到国际

原子时时，根据国际地球自转服务中心提供的UT1与UTC之差确定闰秒时刻，由此得到UTC。

根据国际电联ITU-RTF536号推荐书（CCDS Report，1993），UTC(k)与UTC之间最大时刻差不应超过100纳秒，即｜UTC−UTC(k)｜≤100纳秒。UTC(k)通常由一个实际的钟输出，或者有频率修正，或者没有频率修正。它是各国时号发播的基础，UTC(k)的产生和保持是每个时间实验室的首要任务。

④ 北京时间：来自西安

我国幅员辽阔，从西到东横跨东五、东六、东七、东八和东九五个时区。中华人民共和国成立以后，全国统一采用首都北京所在的东八区的区时作为标准时间，称为北京时间。北京时间实际上是东经120°经线的地方平太阳时，而不是北京的地方平太阳时。北京的地理经度为东经116°21′，因此严格说北京时间与北京地方平太阳时相差约14.5分。北京时间比格林尼治时间（世界时）早8小时。尽管北京时间是采用北京所在的时区的时间，但实际上是由设在西安的中国科学院国家授时中心产生并发布的。

（1）北京时间如何产生

精密时间是科学研究、科学实验和工程技术诸方面的基本物理参量，它为一切动力学系统和时序过程的测量和定量研究提供必不可少的时间坐标。

北京时间由中国科学院国家授时中心负责产生、保持和发播。国家授时中心产生和保持的地方协调世界时UTC(NTSC)是国家大科学工程——长短波授时系统授时发播的参考标准，UTC(NTSC)也是计算北京时间的基础，北京时间=UTC(NTSC)+8小时。国家授时中心时间基准实验室产生标准时间，然后由设在陕西蒲城县（与临潼的直线距离约70千米）的长短波授时发播系统发出。把北京时间的产生地设在西安，是因为从地理上说，这里发出的无线电波有利于覆盖我国大部分的陆地和近海，让我国绝大多数时间用户都能收到标准时间频率信号。

守时（标准时间的产生和保持）系统是时间工作的核心，守时系统通常由原子钟组、测量比对、数据处理和原子时归算、国际时间比对和溯源、条件控制辅助系统（温湿度系统、电压环境监控系统、电源系统）等组成。为了保证标准时间与频率的可靠性和稳定性，时间实验室的守时钟组在连续运行的同时，需保持一定规模，这样才可确保最终输出信号相对于国际原子时的准确性和稳定性。

守时系统产生并保持稳定的时间频率的目的是给用户提供高精度的标准时间，而绝大多数高精度时间用户是通过授时体系获得高精度时间的，所以高水平的时间实验室就成为各导航系统溯源的基准，如美国GPS时间溯源自美国海军天文台的

图4-6　中国科学院国家授时中心守时系统

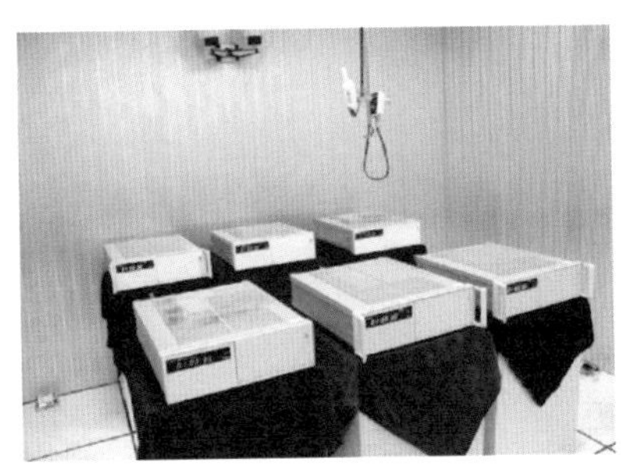

图4-7 铯原子钟组

图4-8 氢原子钟组

UTC(USNO)，俄罗斯GLONASS时间溯源自UTC(SU)，我国北斗卫星导航系统时间溯源自国家授时中心UTC(NTSC)，我国的大科学工程——长短波授时系统发播的时间信号同样溯源自UTC(NTSC)。高精度时间用户对高精度时间的诉求，促进守时系统的时间保持水平和时间传递技术的不断发展和进步。

(2) 国际一流的国家标准时间UTC(NTSC)

国家授时中心守时系统为我国长短波授时、卫星授时、通信系统、电子商务、电话授时、网络授时等授时系统提供高精度的标准时间信号，特别是随着我国北斗卫星导航系统的建设发展，守时系统承担着为“北斗一号”和“北斗二号”提供标准时间溯源信号的重要任务，从而使得我国北斗卫星导航系统时间通过UTC(NTSC)实现向国际标准时间UTC的溯源。因此，作为各类授时系统的时间源和导航系统时间溯源链路的时间参考，守时技术的研究与应用进一步提高了时间保持精度和授时服务水平，保障了国防和国家重要基础设施的用时安全。

国际上主要大国都建有完备的国家时间频率体系，并持续开展守时技术及应用研究，如美、俄、日、德、法、意等。以美国和俄罗斯为例，美国海军天文台(USNO)负责美国国家标准时间UTC(USNO)的产生和保持，UTC(USNO)同时是全球定位系统

（GPS）的时间溯源参考。USNO时间基准系统由100台左右的原子钟组成，在守时技术研究、基准频率标准研制、时间信号产生与控制等方面均处于国际领先地位。俄罗斯国家时间频率中心(NTFS)负责维护俄罗斯国家标准时间UTC(SU)，从事时间频率研究和应用服务，UTC(SU)同时是全球卫星导航系统(GLONASS)的时间溯源参考。

近年来，国家授时中心守时技术程度和标准时间性能取得突破，综合指标达到国际先进水平；对TAI归算的权重贡献、地方原子时尺度稳定度均处于国际先进行列；最大限度地满足了国防建设、国家重要基础设施、国家重大专项对精密时间的需要。其中，UTC(NTSC)与UTC的差控制在±10纳秒以内；|UTC−UTC(NTSC)|<10纳秒，远远优于国际电联要求的±100纳秒，达到国际先进水平。独立原子时TA(NTSC)的频率稳定度（30天）达到E-15量级。近年来TA(NTSC)综合指标排在全球守时实验室的3—4位。NTSC钟权重对TAI归算的贡献排在全球实验室的前四位，成为全球重要守时实验室之一。(数据引自国际时间局BIPM-T公报)。

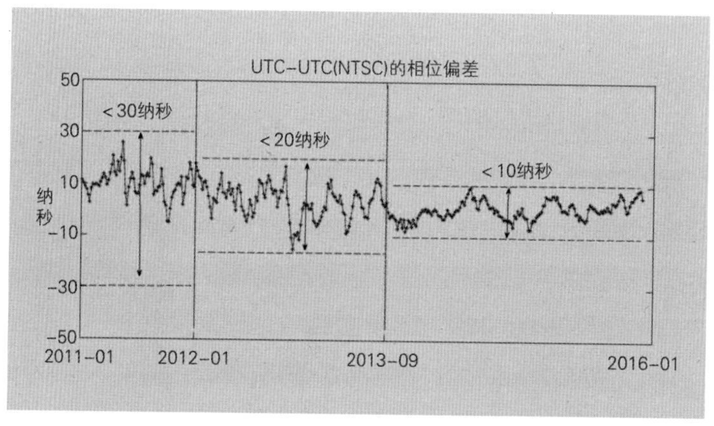

图4-9 近年UTC(NTSC)的改进和发展

(3) UTC(NTSC)的国际比对和溯源

国际电信联盟(ITU)规定作为一个国家的时间服务的实验室,其保持的协调世界时UTC(k)与UTC的偏差须保持在±100纳

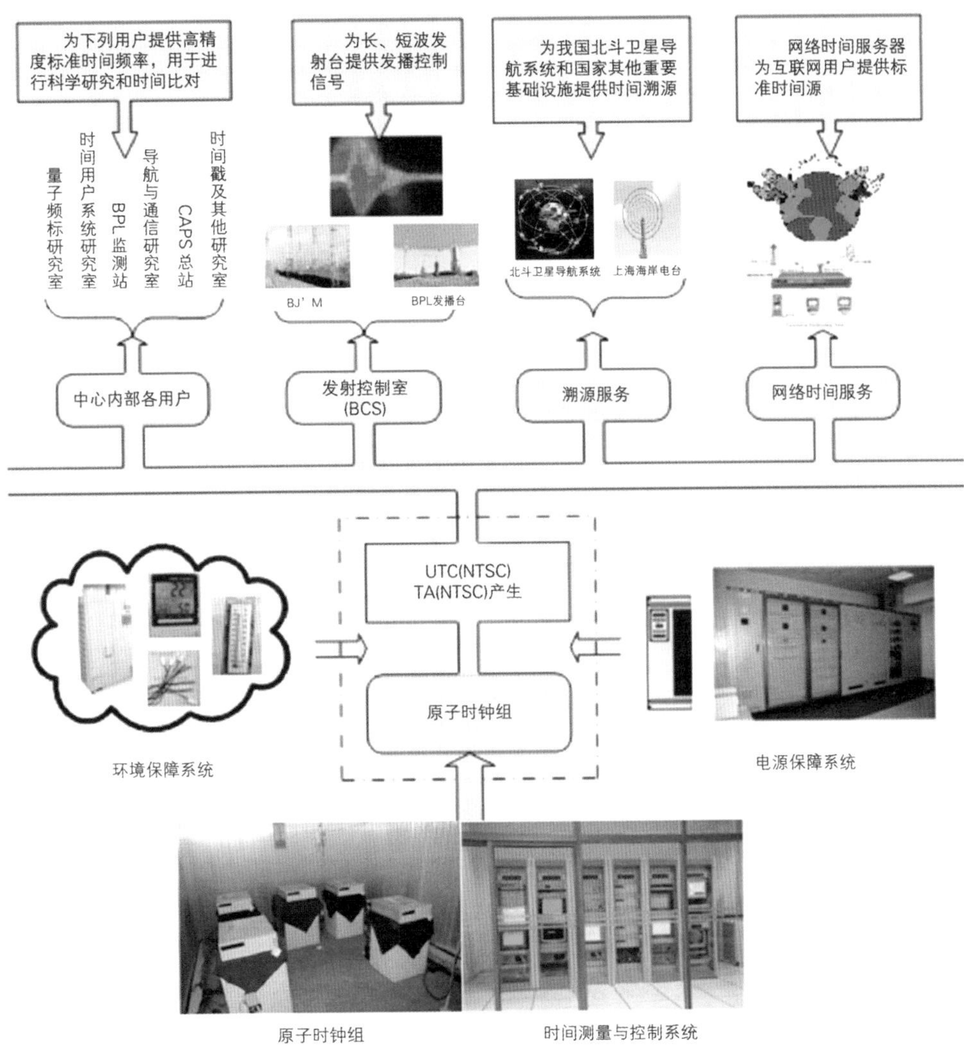

图4-10 UTC(NTSC)标准时间信号应用

秒以内。时间频率溯源实际上是通过时间比对手段获得本地时间与标准时间之间的偏差，并通过改正数或实际信号的控制，使得本地保持的时频信号与参考信号高度一致。时间频率国际溯源就是通过国际时间比对链路获得守时实验室保持的UTC(k)与UTC的偏差，并通过频率驾驭手段使得本地保持的UTC(k)物理信号与UTC保持一致，实现国际溯源。

表4-2　参加国际原子时系统的主要守时实验室

缩写	英文名称	中文名称
IT	Istituto Nazionale di Ricerca Metrologica (INRIM), Torino, Italy	国家标准计量院，意大利
JATC	Joint Atomic Time Commission, Lintong, P.R. China	综合原子时委员会，中国
NICT	National Institute of Information and Communications Technology, Tokyo, Japan	国家信息与通信技术研究院，日本
NIST	National Institute of Standards and Technology, Boulder, Colo., USA	国家标准与技术研究院，美国
NPL	National Physical Laboratory, Teddington, United Kingdom	国家物理实验室，英国
NTSC	National Time Service Center of China, Lintong, P.R. China	中国科学院国家授时中心，中国
OP	Laboratoire national de métrologie et d'essais-Syst è mes de références space temps, Observatoire de Paris (LNE-SYRTE), Paris, France	巴黎天文台，法国
PTB	Physikalisch-Technische Bundesanstalt, Braunschweig, Germany	技术物理研究院(国际时间比对数据中心)，德国
SU	Institute of Metrology for Time and Space (IMVP), NPO "VNIIFTRI" Mendeleevo, Moscow Region, Russia	时间与空间计量研究院，俄罗斯
USNO	U.S. Naval Observatory, Washington D.C., USA	美国海军天文台，美国

依据国际权度局的要求，各成员国相关单位守时实验室保持的UTC(k)必须实现向国际单位制SI秒的溯源，以确保国际秒定义

的传递。目前时间频率国际溯源主要采用远程时间传递的手段进行，中科院国家授时中心守时实验室通过GPS共视、GPS精密单点定位（GPS PPP）、卫星双向等远程高精度时间比对手段参与国际时间比对网，实现向UTC溯源。

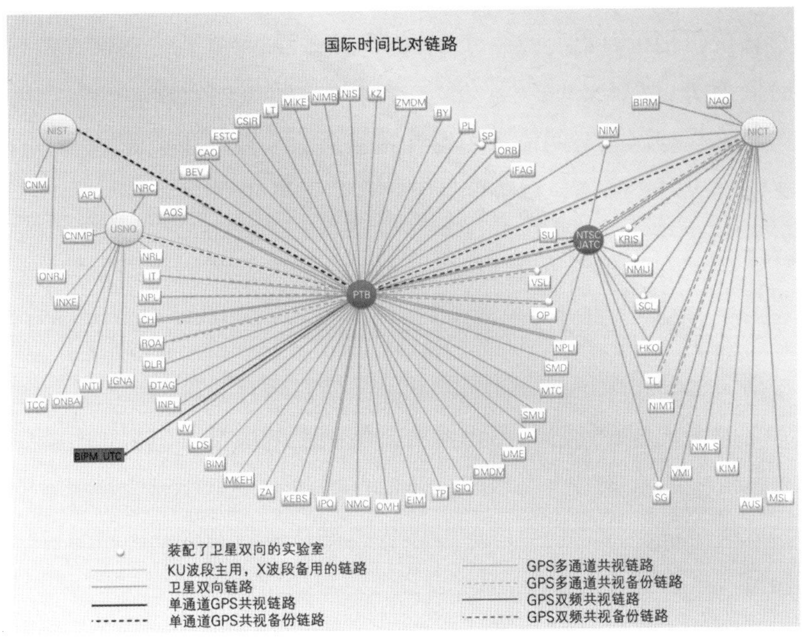

图4-11 国际时间比对网

⑤ 未来的时间：更准、更稳、更可靠

自17世纪以来，天文学家以地球自转和世界时作为时间尺度。由于地球自转季节性变化、不规则变化和长期减慢，所以世界时每天仅精确到1×10^{-7}秒。随着社会的进步和科学技术的飞速发展，人们对时间尺度的精度需求越来越高。

目前，由铯原子和氢原子钟产生的时间尺度的准确度达10^{-14}

秒量级，其误差可达三百万年不差一秒的程度。社会在进步，科技在发展，人类对新的时间基准的研究仍在继续，原子喷泉、光频标等新型原子频率基准钟在21世纪将会得到快速发展和应用。

随着科学技术的发展，未来的时间将越来越准。军事上，从某个角度来说，原子时甚至比原子弹更重要，因为精密时间是军事精确打击的基础，是一个国家重要的战略参数和资源。守时是时间服务的基础和核心，国家授时中心将以国家利益为最高准则，来规划国家时间体系的发展和未来。今后，建设我国独立自主的世界时UT1测量系统就是下一步的重要工作之一。

（1）UT1测量：世界时不可替代

迄今为止，人们先后选择了地球自转、地球公转、原子跃迁3种周期运动作为标准去测量时间。虽然以地球自转和公转为依据建立的天文学时间已经不再作为时间测量的标准，但是天文学时间系统中的世界时作为地球自转信息的载体，至今仍然具有重要的应用价值，并且它与目前世界各国统一采用的协调世界时密切相关。

世界时是以地球自转为基础的时间计量系统。1960年以前，世界时曾作为基本时间计量系统被广泛应用。由于地球自转速度变化的影响，世界时不是一种均匀的时间系统。然而，世界时与地球自转的角度有关，同时，精确的世界时是地球自转的基本数据之一，可以为地球自转理论、地球内部结构、板块运动、地震预报以及地球、地月系、太阳系起源和演化等有关学科的研究提供必要的基本资料。因此，人们的日常生活、天文导航、大地测量和宇宙飞行器跟踪等仍然离不开它。

UT1是以地球自转运动为参考的时间尺度。由于地球自转的不稳定性，UT1不是稳定的时间系统，自20世纪60年代以来，UT1已经不再作为一个时间基准来定义秒长。但是，UT1具有明确的物理意义，其时刻反映了地球在空间的自转角，与地极坐标、岁差、章动一起被称为地球定向参数（EOP），是实现天球与地球参考架坐标互换的联系参数。对于一切需要在地面目标和空间目标之间建立坐标关系的问题，EOP都是必不可少的。所以，人们对UT1的测量从未停止。

自19世纪初，人们就开始对UT1进行观测，传统的方法是利用光学仪器观测恒星，由恒星时推算得到UT1。常用的测定方法有中天法和等高法。利用光学仪器观测，一个夜晚观测的均方误差为±5毫秒左右。依据全世界一年的天文观测结果，经过综合处理所得到的世界时精度约为±1毫秒。进入20世纪60年代以来，随着甚长基线干涉(VLBI)、激光测卫(SLR)、全球定位系统(GPS)等现代空间技术的发展，大大提高了UT1的观测精度。目前UT1的测量方法以满足坐标系维持为目的，它已由时间基准测量发展到几何量测量，测量技术也由光学天文观测技术发展到空间观测技术。

国际上UT1（包括EOP）的测量主要是通过国际合作来进行的，由国际地球自转服务中心负责处理全世界合作台站的多种技术的观测资料，并以月报（Bulletin-B）和周报（Bulletin-A）的形式通过互联网为全球用户提供服务。

目前可用于测定EOP的技术主要有传统的光学天文观测技术、VLBI技术、SLR技术和GPS。其中VLBI技术是测定EOP最理想的手段。

(2) 脉冲星时：时间可能再次回归天文

原子时具有极高的稳定度及可复现性，原子时在现代科学技术的发展中起到至关重要的作用。但原子时依赖于人造原子钟及与之配套的电子系统，而原子钟并非永恒的时钟，单个原子钟的使用寿命很短，而且原子时系统的各类电子设备也极易受到环境

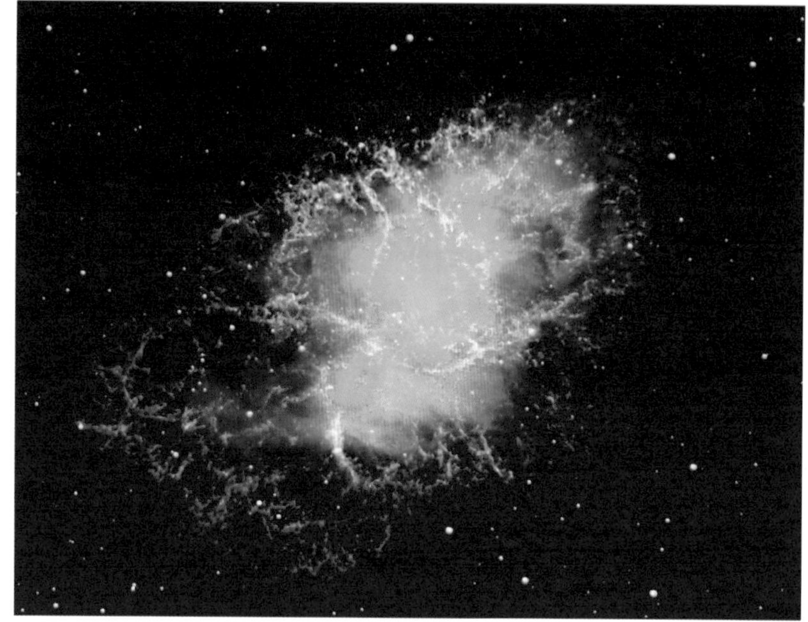

图4-12 超新星遗迹蟹状星云

◇ 在脉冲星发现之前，帕奇尼(Pacini)预言：在蟹状星云中存在一个由中子组成的星，它每秒自转多次，具有稳定的周期性。

等因素影响。在人类走向太空，走向更远的宇宙过程中，我们需要一种不用维护的、随用随取的时钟。随着对宇宙认识的加深以及天文观测科学技术的发展进步，加上人类追求卓越的本性，未来时间的定义可能再次回归自然，回归天文。脉冲星的发现和研究为未来时间的定义提供了新的、可能的途径，这也充分体现了事物螺旋性的发展特性。

脉冲星具有超高稳定的时间特征，被称为自然界最稳定的天文钟。脉冲星本质上是一种快速旋转并具有强磁场的中子星。1967年，英国科学家休伊什（Hewish）和贝尔（Bell）发现了脉冲星，并由此证实了20世纪30年代提出的关于中子星存在的预言。这一发现被列入“20世纪60年代四大天文学发现”之一。休伊什因此荣获1974年度诺贝尔物理学奖。脉冲星除具有超高密度、超强磁场、超强电位、超强辐射、超高温度等极端物理特性外，最突出的特性是它的超高稳定的时间特征。

科学界早已提出了利用脉冲星计时的设想，具有实用计时前景的是毫秒脉冲星。1982年班科尔（Backer）等人发现了第一颗毫秒脉冲星（PSR B1937+21），并开始了毫秒脉冲星计时观测。随着更多毫秒脉冲星的发现及毫秒脉冲星计时观测的发展，观测实践证明毫秒脉冲星自转周期非常稳定，大部分毫秒脉冲星自转周期变化率小于10^{-19}，其长期的自转频率稳定性可与原子钟相媲

图4-13 脉冲星光谱接收机

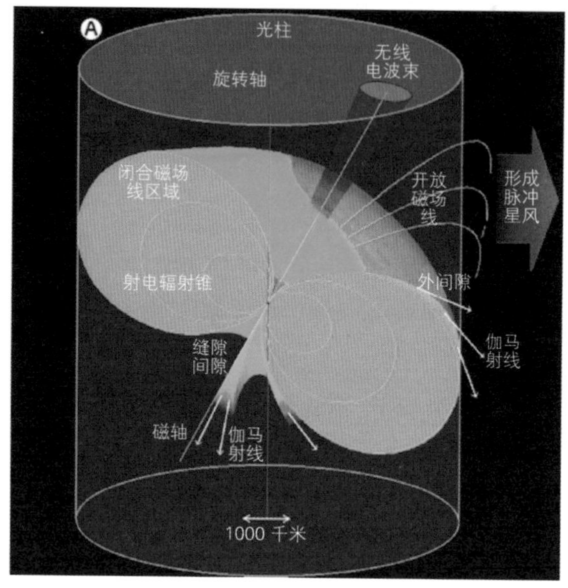

图4-14 脉冲星模型

美。毫秒脉冲星的发现及其高稳定度的时频特征，更引起天文学家和时频专家的高度关注。基于脉冲星自转相位的测量可以建立脉冲星时间尺度。后续的观测表明，脉冲星的旋转高稳定性可以被用作建立新的时间基准。目前，对于大多数毫秒脉冲星来说，脉冲到达时间的计时精度可以达到亚微秒的水平，长期稳定度（1年以上）可达到10^{-16}以上。脉冲星时间基准和原子时时间基准的联合守时可以实现更高长期稳定度的时间基准。这为将来地面守时和空间时间基准的建立提供了重要的发展方向和应用前景。

第五章 北京时间的发播

它是中国在低频和高频段发射标准时间标准频率信号的装置，是国民经济和国防建设、科学技术研究领域获得标准时间的传统方式。它由授时信号的产生控制、授时发射设备等复杂装置组成。它就是中国科学院国家授时中心长短波授时系统的长短波发射台。

国家授时中心用长波和短波将时间发播到全国。

①发播控制：建立准确的发播标准

国家标准时间在西安临潼产生，但长波和短波授时台都在渭南蒲城，两个地方相距约70千米，这是许多授时系统都会面临的难题：授时台不一定设在标准时间产生地。异地的情况下，标准时间信号通过电缆传输成本很大，需要通过共视时间比对、光纤时间传递、卫星双向时间传递等远程时间传递的方式，将标准时间传送到发射台。

跨越空间的传送并不可靠，即使用最稳定、最可靠的电缆也会存在下列几个问题。第一个问题是电缆长度变化。热胀冷缩会使电缆长度发生改变，随之改变信号传播时延，导致信号发射时间的控制产生偏差。第二个问题是信号的衰减。随着信号传播距离的增加，信号的功率以距离的平方衰减，发射的时间信号将会很低，以至于被淹没在噪声中，无法识别。第三个问题也是最大的问题，就是电缆可能会出现中断等情况。长距离传输情况复杂，碰到修路、撞击等异常情况，可能致电缆损坏，这就会导致发射台无法接收信号，授时不得不中止。

要解决这些问题很简单。只要在本地产生一个时间，作为发射台工作的参考标准，本地时间通过远程时间比对获得与标准时间的偏差，控制本地时间与标准时间保持在一定范围以内，问题就迎刃而解。

长短波发射台本地时间的建立由时频监控室完成。时频监控室的全称是授时发播监测控制室。

时频监控室利用守时设备、时号产生设备、监测设备为长短波授时发播台提供标准时间、标准频率信号，同时对发播台的时频信号进行控制和监测，确保授时发播质量。

监控室设在一幢建于20世纪60年代的小楼里，旁边就是与临潼标准时间进行比对的微波铁塔。

进入楼内，顺阶而下就来到了地下室，这里存放着3台原子钟。原子钟对工作环境要求非常高，地下室要求恒温，并隔离外界的喧嚣和电磁信号。其运转状态通过摄像头传输到一楼的工作大厅。为了保证设备运行安全，工作人员定期对地下室的环境以及原子钟的工作状态进行确认和记录。

一楼的授时发播信号监测控制工作大厅是工作人员工作的主要场所。大厅是严格按照电磁兼容设计装修的，大厅内一排设备墙上分门别类地排列着时间比对、信号产生、授时信号监测的设备仪器，各类设备的指示灯格外明亮，监测仪器不停地显示着比对、监测数据，工作人员有条不紊地检查设备的工作状态，确保发播信号参考时间的正常。

图5-1　监控室的微波比对天线

控制长短波授时系统发播的标准时间UTC(NTSC)，由国家授时中心时频基准实验室产生并保持。监控室产生的时间称为UTC(PU)，这是控制发射台发射信号的实际参考标准。UTC(NTSC)与UTC(PU)通过微波双向时间传递与卫星导航系统（GNSS）共视时间传递两种方式进行比对，获得两地的钟差。

采用两种时间比对方式是出于可靠性的考虑，微波双向时间传递是主要使用的方式，在蒲城和临潼兼有微波信号发射台，两地对收对发微波信号，采用双向时间传递的方式进行比对。为了保证比对的可靠性，还利用GNSS进行共视时间比对。

监控室共设置有3台铯原子钟，3台铯原子钟一起工作，选取一台原子钟的频率信号作为源，使用与临潼的比对结果对原子钟信号进行控制，产生UTC(PU)的时间信号。另外，为了确保时间信号的可靠性，另外用一台原子钟的信号产生另一路时间信号，这路时间信号实时保持与UTC(PU)的同步，以备主用链路异常时及时切换到备用链路。UTC(PU)与UTC(NTSC)的偏差保持在50纳秒以内。

UTC(PU)是BPM短波授时台和BPL长波授时台工作的参考标准。

时频监控室工作钟通过专设的电缆或光纤链路向BPL长波授时台机房提供5兆赫、1pps（每秒脉冲数）标准频率标准时间信号和数字钟面信号。同时接收通过电缆或光纤链路回传的BPL发播信号（天线地线回路取样信号）进行闭环监测和比对，通过比对、计算发射的长波授时信号与UTC(NTSC)之差，即取得长波授时发播时延值的数据，并以信号的格式传送到BPL机房，由BPL长波授时台修正向外发播的信号。UTC时号的时刻控制精度保持在优于±100纳秒的水平。

监控室工作钟通过专设电缆向BPM短波授时台机房提供5兆赫标准频率信号、BPM时号和时码信号。同时，通过接收BPM发播信号，闭环监测BPM时号的准确度。UTC时号的时刻控制精度优于±1微秒，UT1时号的时刻控制精度优于±100微秒，频率准确度优于$\pm1\times10^{-12}$。

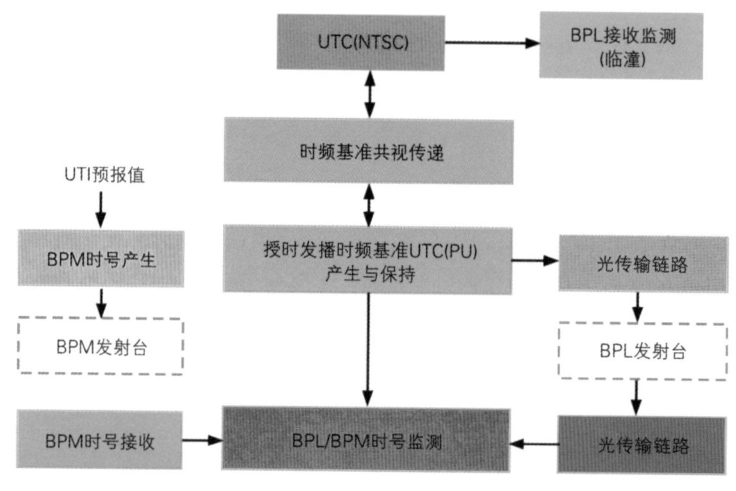

图5-2　发播控制原理

监控室具有极高的自动化程度，以上所有比对、计算等过程全部由计算机来完成，不需要人工参与。但是，为了及时发现可能出现的故障，确保万无一失，还是安排有专门的值班人员。

② 短波授时：信号覆盖全球

短波授时台的呼号为BPM，使用短波发播标准时间和标准频率。短波指波长为10—100米，频率为3—30兆赫的无线电波段。

（1）短波授时信号传播的特点

与其他短波通信一样，短波授时台的无线电波以地波和天波方式传播。地波指发射天线辐射出去后沿近地表面传播的电波，如地表面波、地面直达波、地表面绕射波等。天波指发射天线发出的电波，在高空被电离层反射后到达接收点。电离层是地球高空大气层的一部分，它从60千米一直延伸到1000千米的高度，整个电离层又相应地分为四个区域，从低到高分别称为D层、E层、F_1层、F_2层。因地面波的衰减随频率的升高而急剧增大，而且短波地面波的传播距离不超过几十千米，天波传播就成为短波传播的主要方式。

表5-1 各频率授时覆盖范围

频率(兆赫)	覆盖范围(千米)
2.5	小于500
5	小于500—1000
10	小于400—3000
15	小于1000—3000

短波天波传播主要依靠电离层反射传播。电波经电离层多次反射可以传到很远的距离，但是在传播的过程中会出现一些信号覆盖不到的“寂静区”。由于电离层的高度、电子浓度在不同的季节，甚至一天24小时都在变化，同时还受太阳黑子活动的影响，因此，必须选择适当的短波频率以提高授时信号的覆盖范围。

知识链接

寂静区 在短波传播中，地波因受强烈的吸收而衰减到勉强可以接收的距离是环形寂静区的内径，环形寂静区的外径是天波所能到达的最短距离，在短波通信中既收不到地波，又收不到天波的区域就称为寂静区。

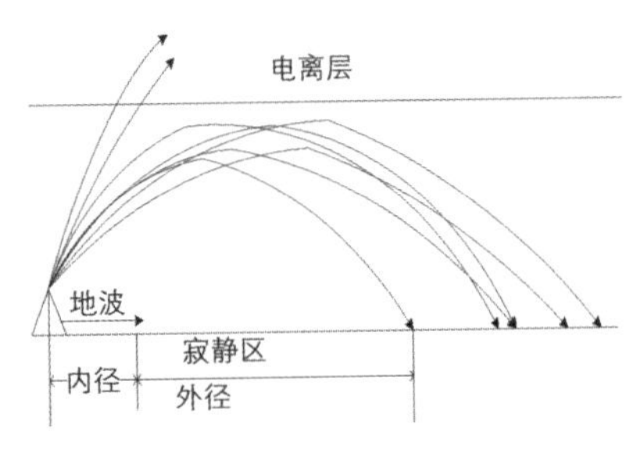

电波传播理论认为，地面上两点间的通信，当无线电波是由电离层F_1、F_2层反射时，两点间通信距离的变化是随着可用频率的

图5-3 BPM短波授时台

增大而增大。为了保证传播电路的可靠度（即接收点接收时号的概率达到90%以上），短波授时发播选择以2.5兆赫、5兆赫、10兆赫、15兆赫这几个频率全天24小时连续发播的同时，选择恰当的天线辐射方向图的仰角进行短波授时发播，保证全国范围都能收到标准时间标准频率授时信号。

短波授时最大的不足是多径之间的干扰。由于天线的宽波束特点，电离层各分层（F_1、F_2）及其非镜面反射和电离层中不均匀体对电波的反射作用，使得短波传播呈现多径传输，到达接收点的电波不仅有沿大圆路径传输的，还有来自路径其他方向的，致使接收点的场强成为各条射线场强之和。由于反射电离层高度变化，电离层电子密度随时间的变化以及自然条件变化对电离层的扰动等影响，使得多径传输时延及其衰减呈现相应的随机变化。短波多径效应、多普勒频移等都会造成短波授时台传输时延值大，频率比对的精度限制在$\pm10^{-9}$，定时精度限制在500—1000微秒。

尽管短波授时具有上述不足，但是，它覆盖范围广，授时和接收设备简单，同时，它是最早开展授时服务业务的，所以，至今仍有非常广泛的应用。世界上比较著名的有美国的WWVH短波时号、俄罗斯的RWM短波时号和日本的JJY短波时号等。

表5-2 世界主要短波授时台

呼号	地点	载频（兆赫）	工作时间（协调世界时）	发播程序	时号
ATA	印度 新德里	5 10 15	18^h—9^h 全天 9^h—18^h	0分、15分、30分、45分的前20秒发出呼号，报告时、分	秒：1千赫音频5个周波 分：1千赫音频100个周波
BPM	中国 西安	2.5 5 10 15	全天	29分、59分20秒发出1分呼号	秒：UTC（以1千赫音频中的5个周波） UT1（以1千赫音频中的100个周波） 分：UTC（以1千赫音频中的300个周波） UT1（以1千赫音频中的300个周波）
BSF	中国 台北	5 10	全天	0分、10分、20分、30分、40分、50分发呼号，报告时、分，35分—40分停播	秒：每10分钟前5分1千赫音频5个周波，后5分5毫秒脉冲 分：每10分钟前5分1千赫音频300个周波，后5分300毫秒脉冲
HLA	韩国 首尔	5	01^h—08^h 周一—周五 节日停	每分钟52秒后语音报时	秒：1.8千赫音频9个周波，第29秒、59分不发 分：1.8千赫音频1440个周波 时：1.5千赫音频1200个周波
RID	俄罗斯 伊尔库茨克	5.004 10.004 15.004	全天	每小时第4分、9分、14分、19分、24分、29分、34分、39分、44分、49分、54分、59分的第56秒—59秒不发	秒：AIX型100毫秒 分：AIX型500毫秒
RWM	俄罗斯 莫斯科	4.996 9.996 14.996	全天	10分—20分 40分—50分 其他时间	秒：AIX型100毫秒 分：AIX型500毫秒 DXXXW

续表

呼号	地点	载频（兆赫）	工作时间（协调世界时）	发播程序	时号
VNG	澳大利亚 新南威尔士	2.5 5.0 8.638 12.984 16.0	全天 全天 全天 全天 22^h—10^h	5分、30分、45分、60分莫尔斯码或语言呼号，每分钟的55秒—58秒为5毫秒，59秒不发 20秒—46秒以BCD码报告日/年、时、分	秒：1千赫音频50个周波 分：1千赫音频500个周波
WWVH	美国 夏威夷 考艾岛	2.5 5.0 10.0 15.0	全天	59分—0分、29分—30分呼号	秒：1.2千赫音频6个周波 分：1.2千赫音频600个周波 时：1.5千赫音频1200个周波
WWV	美国 科罗拉多州 科林斯堡	2.5 5.0 10.0 15.0 20.0	全天	0分—1分、30分—31分呼号，整分前有时间通告，29秒、59分不发	秒：1千赫音频5个周波 分：1千赫音频800个周波 时：1千赫音频1200个周波
YVTO	委内瑞拉 加拉加斯	5	全天	每分钟30秒不发，40秒—50秒发呼号，52秒—57秒语言报告时、分、秒	秒：1千赫音频100个周波 分：1千赫音频500个周波

（2）BPM短波授时系统的组成

BPM短波授时系统由时频监控室和BPM短波授时台共同组成。时频监控室与国家授时中心进行时间比对，产生BPM发播控制的时间基准UTC(PU)。

BPM短波授时台是短波授时系统的主要组成部分，主要任务是产生需要频率的短波信号，并将时频监控室的时间信号转化为二进制码，根据时频监控室的时频信号进行短波授时信号的发射。短波授时台的关键设备放置在发射机房内，室外有发射天线，另外配置短波监控室，对短波信号的准确性进行监测。

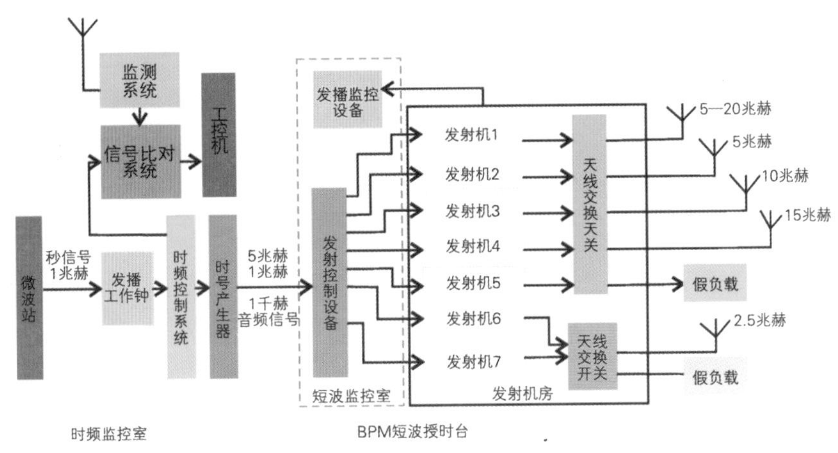

图5-4　BPM短波授时系统

BPM短波授时台发射机房由独立的发射机房和短波监控室组成，发射机房内放置发射机、天线交换开关。BPM发射机房共有发射机7部，其中10千瓦发射机5部。这5部10千瓦发射机，其中2部末级为真空管的脉宽调制，3部为全固态发射机，能够可靠地工作在5兆赫、10兆赫、15兆赫中任意工作频率。另有1.5千瓦发射机2部，工作频率为2.5兆赫。

短波监控室是BPM短波授时台发播信号的控制和监测中心，它由发播控制设备和监测设备组成。发播控制设备对工作钟房送来的5兆赫标准频率和1千赫时间信号进行分配、放大后配送到各部发射机。短波监控室配置有在线监测示波器等监测设备，用以监测各工作发射机输出波形和调幅。

BPM短波授时台每天以2.5兆赫、5兆赫、10兆赫、15兆赫频率，24小时连续发播。

表5-3　BPM短波授时台发播频率和时刻表

发播频率（兆赫）	发播时间
2.5	9^h00^m—15^h00^m
5	0^h00^m—24^h00^m
10	0^h00^m—24^h00^m
15	9^h00^m—17^h00^m

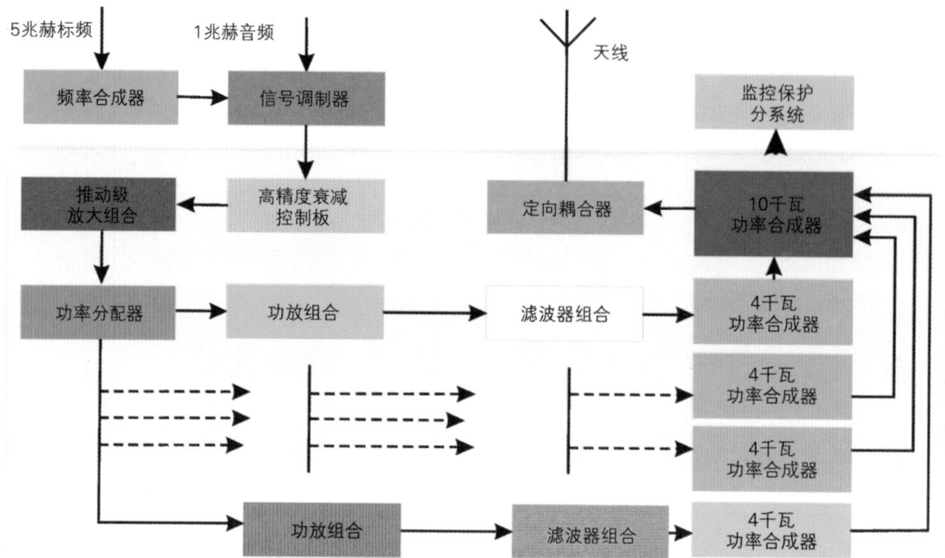

图5-5　10千瓦短波全固态发射机构成示意图

知识链接

调制　调制是按照调制信号的变化规律去改变载波信号某些参数的过程。一般利用电子器件的非线性来实现。调制在无线电通信中具有十分重要的作用。通过调制可以实现把调制信号的频谱搬移到所希望的位置上，从而使调制信号转换成适合于信道传输的已调信号。常见的调制有调幅、调频和调相。

(3) BPM短波授时台发播信号

BPM短波授时台按约定格式向外发射键控调幅信号，该信号由监控室的时号产生器产生，信号为标准时间、标准频率信号（包括UTC时号、UT1时号、无调制的载波信号和BPM呼号）。

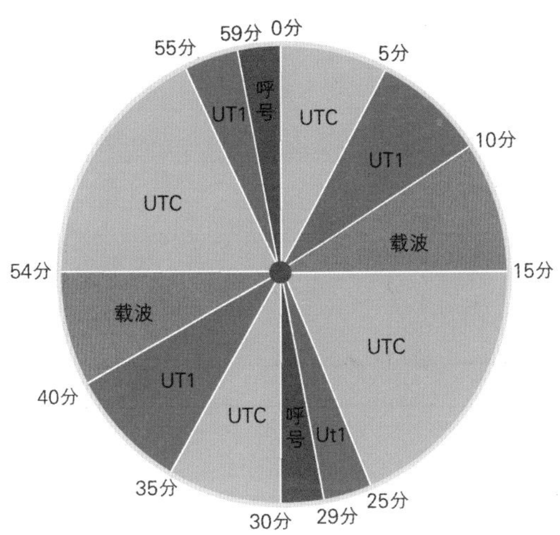

图5-6　短波授时发播程序

从图5—6可以看出BPM短波授时台发播信号的程序。BPM短波授时台发播周期为30分（四个频率的发播时间见表5—2），其中5兆赫、10兆赫为全天连续发播。为避免与其他国家短波授时台（如日本JJY、印度ATA等）信号的相互干扰，BPM的UTC超前20毫秒发播。

在每小时结束的最后1分钟，就是每小时的第59分0秒，发播BPM呼号。

呼号就是表明授时台名称等重要信息的声音信号。前40秒为BPM莫尔斯电码，后20秒为女声普通话语音广播：BPM标准时间标准频率发播台。

在每小时开始的5分钟内（00分00秒—04分59秒）广播UTC时号。UTC时号分UTC秒信号和UTC分信号。

UTC的秒信号：另外生成1000赫兹的低频（音频）信号，低频信号的周期是1毫秒。用5个这样的低频信号去调制发射频率，就产生了长度为5毫秒的调制信号，信号的起点是UTC秒的起点。每秒产生一个这样的时号，两个时号起始之间的间隔为协调时的1秒。波形图像如图5—7所示。

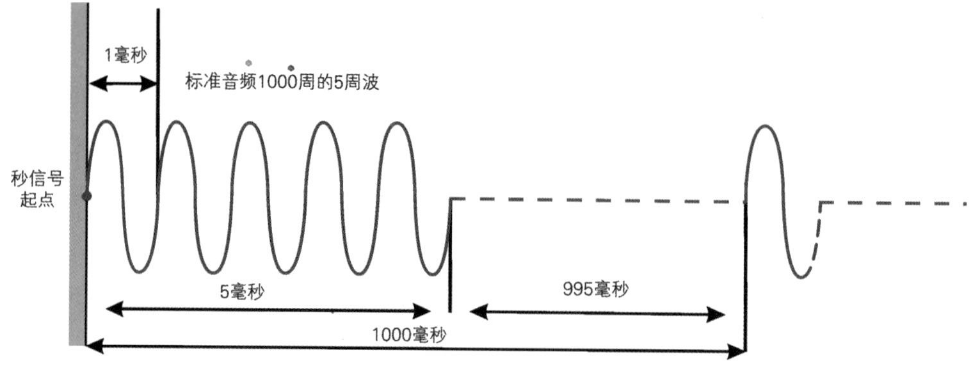

图5-7 短波授时的UTC秒

UTC的分信号：用300个1000赫兹的低频（音频）信号产生长度300毫秒的信号，用这个信号去调制发射载频，产生300毫秒的调制信号，调制信号的起点代表整分。波形图像如图5—8所示。

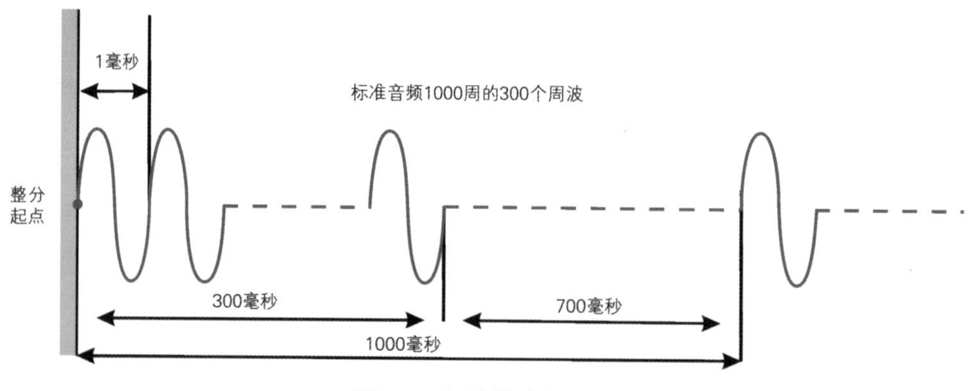

图5-8 短波授时的UTC分

在接下来的5分钟内（05分00秒—09分59秒）发射UT1时号，这是我国唯一一个广播世界时的系统。UT1时号也包括秒信号和分信号。

UT1的秒信号：以1000赫兹音频信号中的100个周期去调制其发射载频，以产生长度为100毫秒的音频信号，其起点作为世界时

的秒起点。每秒产生一个这样的时号，两个时号起始之间的间隔为世界时的1秒。波形图像如图5—9所示。

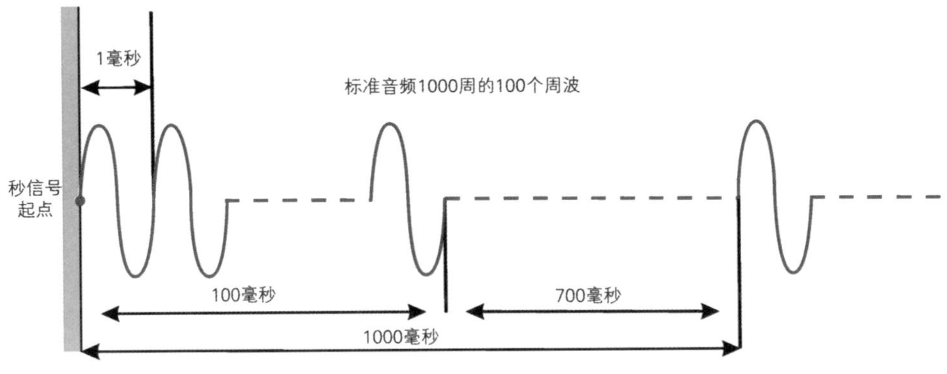

图5-9　短波授时的UT1秒

UT1的分信号：以1000赫兹音频信号中的300个周期去调制其发射载频，以产生长度为300毫秒的音频信号，其起点作为整分。波形图像如图5—10所示。

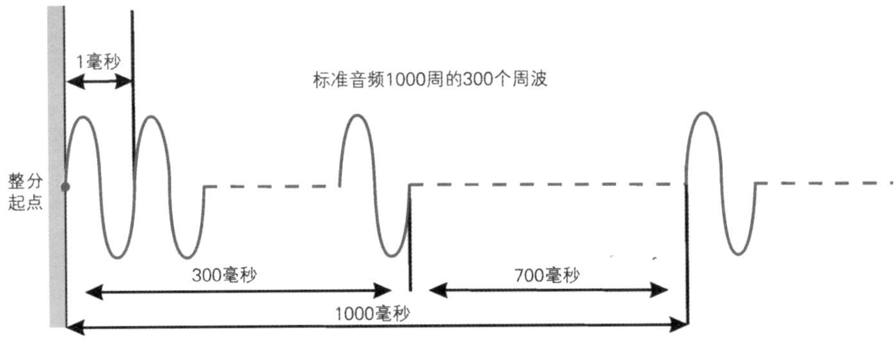

图5-10　短波授时的UT1分

（4）BPM短波授时的发播精度

BPM发播时频信号可达到以下精度：

载频信号准确度优于$\pm1\times10^{-12}$。

UTC时号的发播时刻准确度优于50微秒（天线端）。

UT1发播时刻与UT1预报时刻值相差小于300微秒。

用户在接收短波时号时，遵守下列准则有利于改善接收精度：

用户在接收BPM短波时号时要选择一个灵敏度高、选择性好、频率相位稳定、抗干扰能力强、配有定向天线的接收机。

注意接收机使用中的电磁环境，接收机要有良好的接地。

用户应根据BPM载频选用参考来接收BPM时号的载频。

用户在接收BPM短波时号时应尽量避开日出日落和电离层干扰，尽可能地选择每天的同一时刻接收。

用户在示波器上观测接收波形几分钟后，判定最稳定的传输条件；选择定时波形最一致的部分。

表5-4 BPM用户载频选用参考

太阳活动	高年		低年	
北京时间 / 距离（千米）	9^h—17^h	17^h—9^h	9^h—17^h	17^h—9^h
小于500	5 10 15	5 10 2.5	5 10	5 2.5
500—1000	10 15 5	10 5 2.5	10 5	5 2.5 10
1000—2000	15 10 5	10 5	10 15 5	10 5 2.5
2000—3000	15 10	10 5	15 10 5	10 5
大于3000	15 10	10	15 10	10

③ 长波授时：精度百万分之一秒

我国长波授时台的呼号为BPL，工作频率为100千赫，发射信号的格式是载频相位编码脉冲组。发播时号起点受控于时频监控室产生的发播基准时间UTC(PU)，并与UTC(NTSC)保持同步。当长波时号被用户使用专用接收机接收后，接收机便输出同步的秒脉冲信息，用户便可得到与授时台同步的UTC信息。

(1) 长波授时信号的传播特点

长波指波长为1—10千米，频率为30—300千赫的无线电波段。长波授时台就是用长波发播标准时间标准频率信号的地面电台。

由于短波授时精度只有毫秒量级，已不能满足日益发展的我国国民经济建设和国防现代化建设的需要，亟待寻找新的频段和电波传播方式来提高授时精度。这个频段就是低频（30—300千赫，也称长波）。这些频率的无线电波波长很长，天线辐射效率低，大气噪声的背景电平高，为了得到较高的信噪比，要求有庞大的发射系统。同时，该频段电波频带窄，信息容量小，传输速度低，在工程应用中会受到很大的限制。但是，该频段的电波传播特性也具有独特的优点，如渗透地层与海水的能力比较强，传输距离远；信号的传输损耗小，信号强度、传输速度和相位比较稳定。该频段电波对于远距离可靠地传送高精度的信息特别适用。

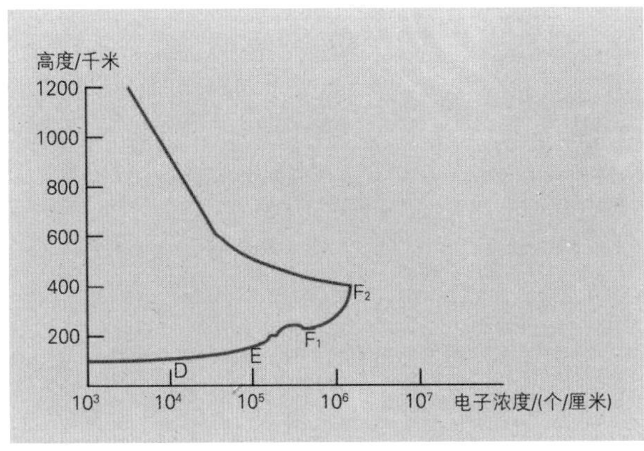

图5-11 电离层电子浓度分布

长波无线电波传播方式以地波和天波传播为主。因为能量扩散和地面对能量的吸收，地波的强度随传播距离的增加而衰减，衰减的快慢和频率与所经路径的电特性参数（介电常数和大地电导率）有关。长波授时信号覆盖范围大，在其覆盖范围内地形地貌复杂，大地电导率的测量较为困难，国家授时中心的科技工作者在全国普查的基础上提出了“等效电导率”的概念，即沿传播路径的大地电参数变化不大时，可用等效电导率来描述。由于地波场强和相位相当稳定，所以利用地波授时可以获得极高的精度。

随着导航技术的发展，以及导航与通信等业务的综合，对授时信号提出了有别于其他无线电工程的特殊要求，授时系统所采用的信号格式涉及信号所需的频带宽度，关系到工作中能取得的信噪比以及抗干扰能力等，它与授时系统的主要性能以及系统中具体设备的设计紧密相关。这个信号格式就是脉冲相位编码发射体制。

长波授时同长波导航（罗兰—C、长河二号）一样，工作频率在100千赫，长波的电波比较长，信号的幅度和相位稳定，长波信号的定时精度为微秒量级，校频精度为10^{-12}量级。目前，世界上重要的长波授时系统有：英国的MSF授时台（发射频率为60千赫，发射功率为25千瓦），美国的罗兰—C链（发射频率为100千赫，载波功率最高为1800千瓦），我国的长河二号链（发射频率为100千赫），我国的BPL长波授时台。

BPL长波授时发播脉冲编码信号，中心频率为100千赫，脉冲组重复周期为60毫秒，发射机脉冲峰值有效功率约2000千瓦，天线辐射脉冲有效功率大于1000千瓦，地波信号覆盖半径大于1000千米，天地波结合覆盖半径约3000千米。BPL长波授时信号作用半径可覆盖我国陆地和近海海域。地波信号授时精度优于±1微秒，天波信号授时精度优于±2.8微秒，使我国的陆基无线电授时

精度达到国际先进水平。

（2）BPL长波授时系统构成

BPL长波授时系统包括时频监控室、发射机系统、发射天线和监测系统四个部分。

国家授时中心时频基准UTC(NTSC)经由微波双向和GPS共视时间比对两种方式，与UTC(PU)进行比对，UTC(PU)是长波发射的时间基准。

由于发射天线电流信号无法直接监测，发射机经天线辐射出BPL时号后，时号定时校准就在发射天线底部地回路用电流环耦合产生天线电流取样信号，反馈给发射监控单元的定时控制设备，实现发射信号相位的实时校准。

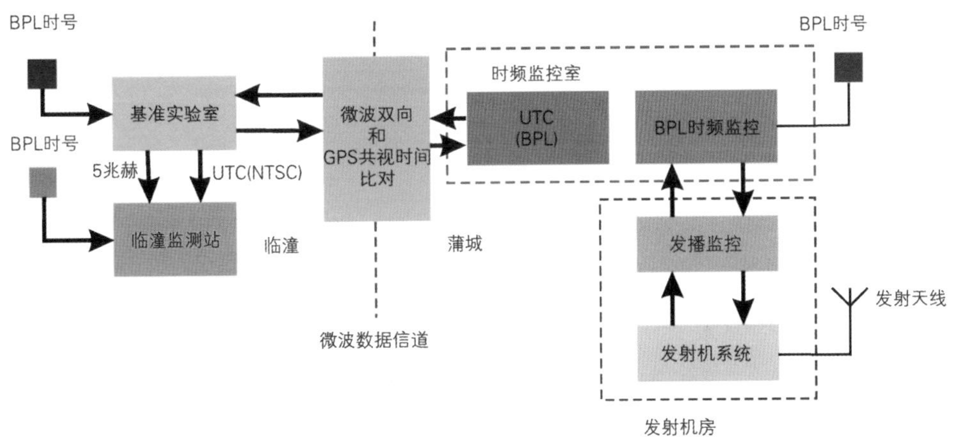

图5-12 BPL长波授时系统构成示意图

发射机房由发播监控、发射机系统和动力系统等组成，其中发射机为XN—BPLT全固态发射机，该发射机定时控制电路采用了全新的集成电路和计算机，并采用国际上通用的EUROFIX数字调制技术，以实现BPL时码发播和其他数据发播功能；XN-BPLT全

图5-13　XN-BPLT全固态发射机

固态发射机控制柜增加了可预置数字钟面和产生1秒脉冲输出信号的功能。

XN-BPLT全固态发射机由发射机控制设备和发射机主机组

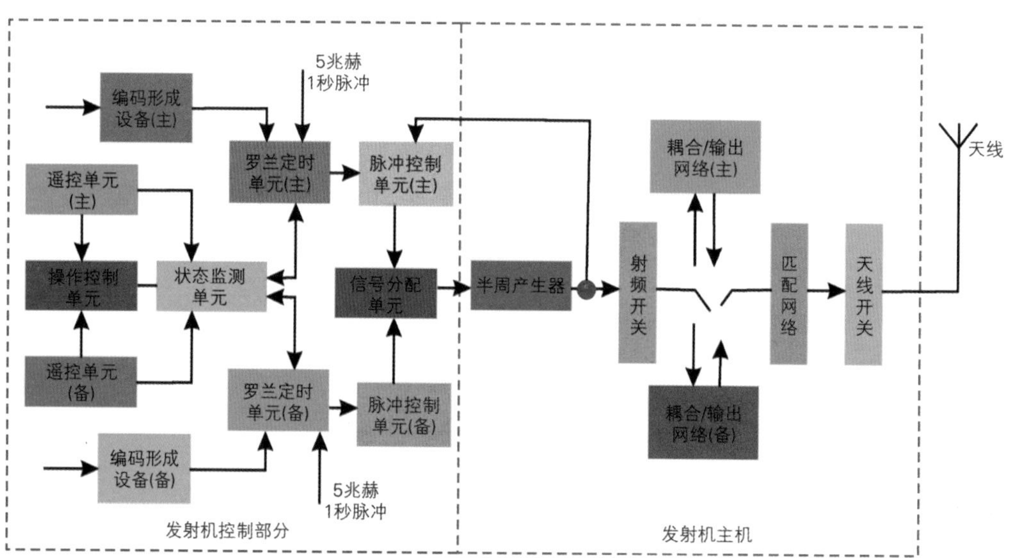

图5-14　XN-BPLT全固态设备示意图

图5-15　BPL长波授时发播控制设备

图5-16　BPL长波授时台供配电系统

成。发射机控制设备主要包括：操作控制单元（TOPCO）、遥控单元/状态监测单元（RCU/SMU）、罗兰定时单元（LTU）、脉冲控制单元（PCU）、信号分配单元（SDA）、编码形成等设备。其中遥控、罗兰定时、脉冲控制和编码形成等单元为主备结构。发射机主机包括：64个半周功率产生器（HCG）、耦合/输出网络、开关网络（射频开关）、天线匹配网络和天线开关，其中耦合/输出网络为主备结构。

罗兰定时单元是发射机控制设备的核心，完成分频、脉冲编组、相位编码、发射系统闭环调节和定时等任务。

发射机是长波授时的核心。罗兰定时控制设备以UTC(PU)为参考，产生发射机的基本定时信号T0和与T0同步的触发脉冲序列，触发发射机主机产生载频为100千赫的BPL脉冲序列，经半周功率产生器和耦合/输出网络与天线匹配网络以预设的功率馈送给发射天线，辐射出BPL时号。在发射天线底部地回路用电流环耦合产生天线电流取样信号，反馈给发射监控单元的定时控制设备，由定时控制设备监测该取样信号基准过零点相位，通过电路使基准过零点锁定在T0，以补偿由于各种原因引起的发射通道延迟变化，以保持T0与UTC(NTSC)的同步。

(3) BPL长波授时系统的发射天线

发射天线是BPL长波授时系统地面设施的重要组成部分。它可以将发射机馈入的强大脉冲电流转化为电磁场，并以地波和天波的形式，携带发射机赋予的精密时间信息应用于服务区域，供时间用户接收使用。

BPL长波授时系统的发射天线采用4座206米高的铁塔，支撑着一个具有一定垂度的天线障（顶负荷），天线障四周均匀悬挂着一个由8根下引线组成的倒垂体，是天线的辐射主体；天线场地铺设良好的接地地网。

高高的铁塔将天线顶负荷及下引线按照一定的高度挂起，以满足天线的有效高度和天线电气指标的要求。天线顶负荷是为了改善天线电容分布，从而提高天线结构的有效高度。

天线铺设有良好的地网，这是因为地平面不能完全近似为完纯导电地平面。在天线场地地下用铜线以径向方式连接形成地网，天线产生的电场将穿透地球并激发电流，进而使产生的欧

图5-17　长波天线地网

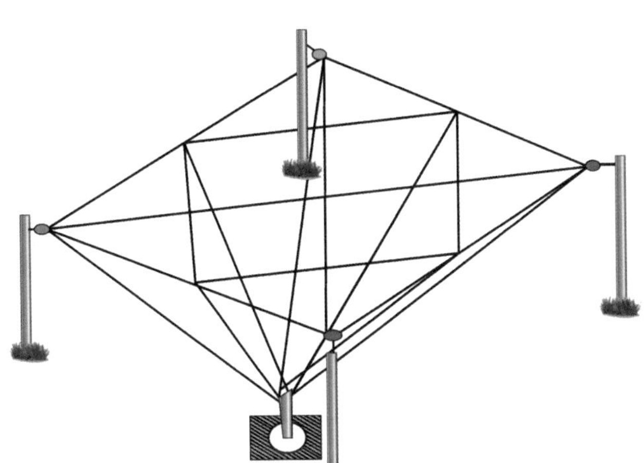

图5-18　长波天线透视图

姆损耗降低，以提高天线效率和改善天线电气指标。

另外，天线四角设有卷扬机房，便于张紧升高天线顶负荷线网和放下天线线网进行维护。

长波天线结构图如图5-18所示。天线挂高193米，顶负荷正方形边长401.41米，正方形四角铁塔间距425.5米，整个天线场地占地面积约为20公顷。下引线集合点位于天线场地中心，高度为6.6米。

长波天线的设计、建设背后还有一段故事。

1972年的下半年，“3262工程”指挥部提出了天线设计任务。当时借鉴美国罗兰-C天线，指明用“单塔伞形天线”。由于长波授时台工作频率在100千赫，波长为3000米，若按照四分之一波长来设计天线，这个天线的几何高度达800米，如果在天线上加载顶负荷来提高天线的有效高度的话，这个天线的高度也要300米；天线顶上要有9根顶负荷和6根笼线组成，笼的直径要90米，这样庞大的笼子在结构上要实现是有困难的。另外，伞塔天线的铁塔是天线辐射体，它必须与地面绝缘。而底座绝缘子要承

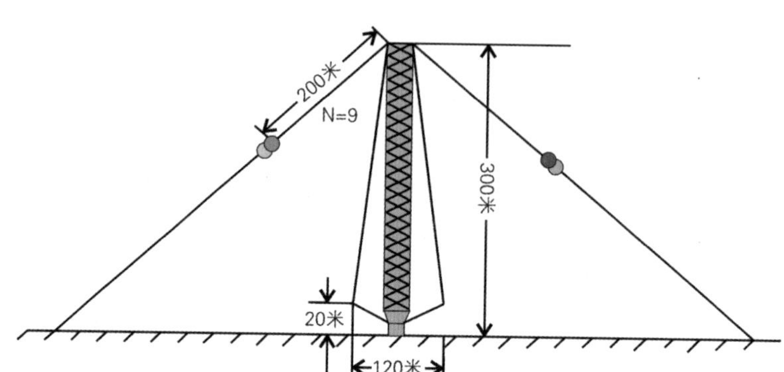

图5-19　伞塔天线示意图

受几百吨的机械压力，电气上需承受一百多千伏的高频电压，当时国内还做不出这样的绝缘子。铁塔较高，钢结构的设计，拉线的连接，拉线绝缘子组件的质量和风荷等，都给设计带来了限制。

1974年，“3262工程”指挥部人员得到资料：美国罗兰-C导航系统中的伞塔天线中有一些已经损坏甚至倒塌，除个别因金属构件的原因所造成外，多数与天线拉线绝缘子有关系，因此他们开始使用多塔天线替代伞塔天线，而且已建成一座投入使用。但我们的技术人员只有罗兰—C导航系统的外形照片，没有其他更详细的资料。

建设长波授时台的工程技术人员根据简单的资料介绍，按照天线的基本原理着手进行分析设计，设计进行了1/100、1/12和模拟发射机联试，通过对实验数据的分析、比对，最终确定天线定型几何尺寸和电气参数。从1975年6月到1975年11月，“3262工程”指挥部人员和设计人员共同组成试验小组进行了多次模型试验，获取了大量的实验数据和第一手资料。通过理论分析计算，最终确定了天线的几何尺寸和满足总体技术要求的电气指标方案。

“3262工程”指挥部组织全国专家对伞塔天线和四塔倒锥天线

方案进行了认真的讨论，经专家们对试验数据和理论分析报告的比较，综合国内现有能力，最后一致同意采用四塔倒锥天线和方案中确定的电气指标。

这种天线的特点在于：天线的铁塔高度较低（200米左右），铁塔仅作为支撑，可以接地，省去了底座绝缘子。拉线绝缘子比较简单，在工程上比较容易实施并能承受更大拉力，同时，该天线具有均匀的特性阻抗，较小的电抗斜率。因此，这种天线频带比较宽，高频电压也有所下降。

该天线从1980年建成至今已有三十多年，高耸的铁塔，红白相间的安全色在阳光的照耀下格外夺目耀眼，它已成为授时部所在地的一个地理标志。

（4）BPL长波授时系统的信号格式

BPL长波授时系统的信号格式指发射信号的形状与规律。BPL长波授时台是授时台兼导航主台，它的发射信号采用多脉冲相位编码体制。

国家授时中心完成了对BPL长波授时系统的现代化技术改造。在原有信号体制的基础上，增加了数字调制发播功能，实现了时码发播和自主授时功能。发射信号的载频为100千赫，频带宽度为90—110千赫。

A. 发射信号的基本格式

本系统发射的相位编码脉冲组，每个脉冲组有8个脉冲，脉冲间隔为1000微秒。为了授时，BPL长波授时台的授时信号带有时刻标志，就是将某一个脉冲组的第一个脉冲发播时刻与UTC的秒时刻对准，该时刻称为TOC时刻，在第八个脉冲后2毫秒处发射第九个脉冲。发射信号的顺序如图5—20所示。

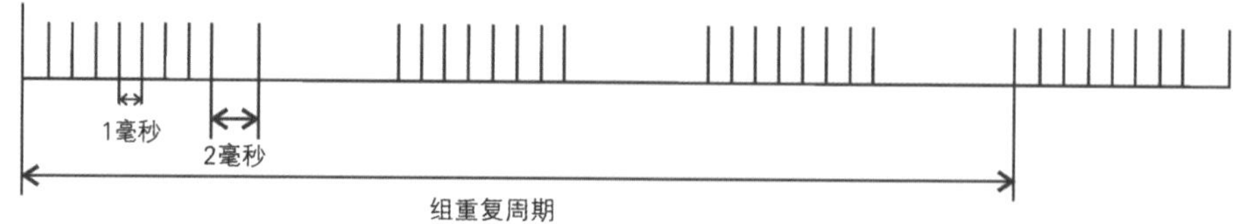

图5-20 发射信号的顺序

BPL长波授时台的发射信号的组重复周期是6000微秒，其TOC时刻每3秒有一个，规定其为UTC时间每分钟的第0秒、3秒、6秒……57秒。

BPL长波授时台除了以一定的周期发射信号组外，在秒信号与脉冲组不相重合时，还加发秒脉冲，这种设置有利于低精度用户可用目视加发的脉冲定时，高精度用户用脉冲组定时。

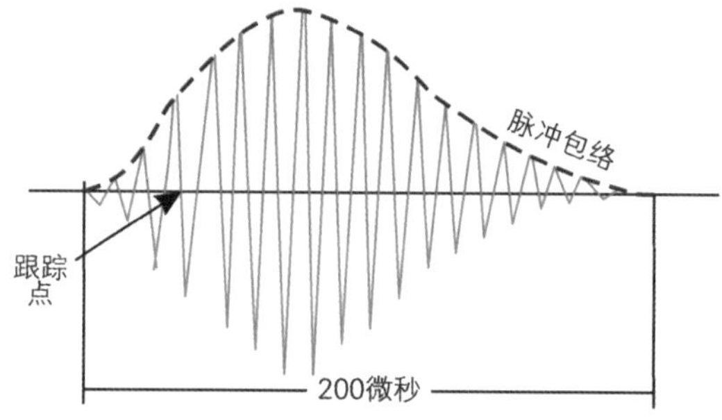

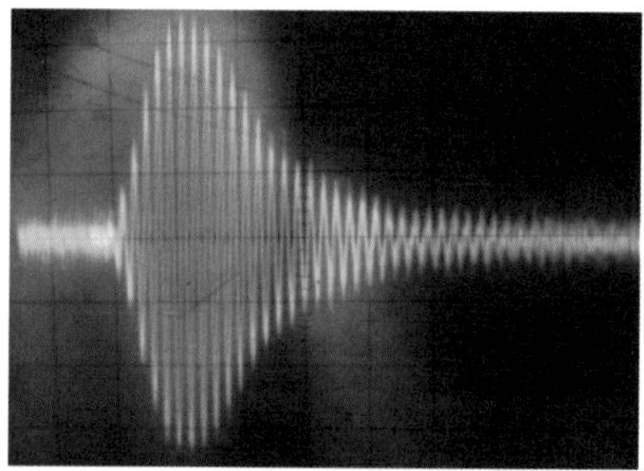

图5-21 BPL发射脉冲波形

B. 单脉冲波形

脉冲组内每一个脉冲的形状是相同的。选用这种波形就是希望系统辐射功率大一些，使接收点的场强高一点。另外，考虑到天波比地波传播的时延值要高30微秒以上，为了不受天波的干扰，在地波脉冲起点后30微秒处进行测量。由于采样点（自动跟踪的特定点，此处为30微秒）电平对作用距离和精度都有影响，因此，必须保证采样点电平利用率大于0.5以上。同时，为了减少噪声干扰，不影响其他无线电设备的正常工作，要求辐射信号的能量99%以上要落在90 —110千赫带内。所以，要求发射脉冲前沿陡峭。

C. 相位编码

相位编码指每组脉冲的载频初相按一定的规律加以改变。这样设置的目的可以有效地提高抗干扰能力，便于自动搜索，实现自动化接收。

BPL长波授时台相位编码的规则如表5—5所列，“+”表示脉冲包络内100千赫的起始相位为0°，“—”表示起始相位为180°。这里采用的是八码元、二相、二周期互补码。

表5-5　常用码组

	第一周期(原码,A组)	第二周期(补码、B组)
主台	+ + − − + − + −	+ − − + + + + +
副台	+ + + + + + − − +	+ − + − + + − −

由原码和补码的两个重复周期才能组成一个完整的周期，这样完整的一个周期称为一帧。

D. 包周差

包周差是射频信号载波相位和包络波形之间的时间（时差）关系，常用符号ECD表示。ECD=0的数学定义为：对于0或π弧度相位编码，长波授时脉冲包络的30微秒点与100千赫载频的第3个的正（负）交过零点在时间上完全重合。如果30微秒点滞后上述过零点，规定ECD为正值；如果0微秒点超前上述过零点，则ECD为负值。超前或滞后的数量的绝对值就是ECD的数值。

ECD的变化范围反映了过零点的稳定性，它的重要性在于：它不仅影响授时信号的相位精度，而且影响接收机的视在信噪比。最终影响用户的定时精度。

E. BPL自主授时

BPL长波授时系统采用脉冲时刻标注的方法实现了自主授时，图5—22中下一个待调制的30个脉冲组中的第一个脉冲起始时刻值，由上一组已调制脉冲组电文数据给出。接收机收到一组电文数据后便可知下一个接收脉冲的起始时刻值，利用该值对接收机本机时刻进行校准。从而实现自主授时。

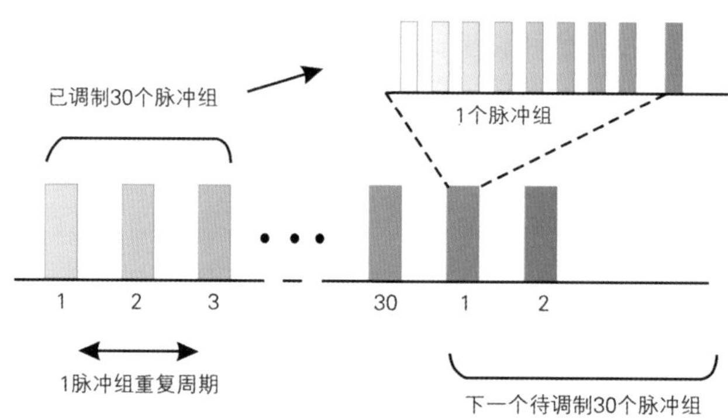

图5-22　BPL自主授时

F. BPL长波授时时码发播和自主授时电文格式及内容

BPL长波授时时码发播和自主授时电文格式与“长河二号”授时电文格式相同，这样可以保证两大系统发播信号的兼容性。BPL长波授时时码发播和自主授时电文由授时电文1和授时电文2组成，见表5—6、表5—7。

表5-6 授时电文1

位	位长	信息	单位	范围
1—4	4	电文类型	1	16
5—6	2	电文子类型	1	4
7—8	2	系统状态	1	4
9—13	5	小时	1小时	32(>24)
14—19	6	分	1分钟	64(>60)
20—25	6	秒	1秒钟	64(>1分)
26—31	6	年	1年	64(2000—2063)
32—35	4	月	1月	16(>12)
35—40	5	日	1日	32(>30)
41—47	7	闰秒	1秒	128
48—56	9	发播偏差	10纳秒	±2.56微秒
57—70	14	CRC		
71—210	140	RS		

表5-7 授时电文2

位	位长	信息	单位	范围
1—4	4	电文类型	1	16
5—6	2	电文子类型	1	4
7—8	2	系统状态	1	4
9—13	5	小时	1小时	32(>24)
14—19	6	分	1分钟	64(>60)
20—25	6	秒	1秒钟	64(>60)
26—35	10	毫秒	1毫秒	1024(>1000)
36—45	10	微秒	1微秒	1024(>1000)
46—52	7	10纳秒	10纳秒	1.28(>1.00微秒)
53—56	4	台标识	1	16

续表

位	位长	信息	单位	范围
57—70	14	CRC		
71—210	140	RS		

(5) BPL长波授时精度

我国的长波授时精度达到了国际先进水平，长波授时服务跻身于世界长波授时的强国之列，详见表5—8。

表5-8 全球长波导航授时台链分布(部分)

序号	链名	组重复周期(微秒)	所在地
1	阿拉斯加湾链	7960	美国
2	美国东南链	7980	美国
3	美国中北链	8290	美国
4	美国中南链	9610	美国
5	大湖链	8970	美国
6	美国西海岸链	9940	美国
7	美国东北链	9960	美国
8	北太平洋链	9990	美国
9	加拿大东海岸链	5930	加拿大
10	加拿大西海岸链	5990	加拿大
11	纽芬兰东海岸链	7270	加拿大
12	沙特北部链	8990	沙特阿拉伯
13	沙特南部链	7170	沙特阿拉伯
14	LESSAY链	6731	法国
15	中国北海链	7430	中国
16	中国东海链	8390	中国
17	中国南海链	6780	中国

续表

序号	链名	组重复周期(微秒)	所在地
18	中国BPL长波授时	6000	中国
19	俄罗斯西部链	8000	俄罗斯
20	俄日链	7950	俄罗斯/日本
21	俄美白令海链	5980	俄罗斯/美国
22	俄日韩链	9930	俄罗斯/日本/韩国
23	日韩链	8930	日本/韩国
24	EJDE链	9007	西欧
25	BOE链	7001	西欧
26	SYLT链	7499	西欧

④ 长短波监测：系统的自我评估

授时信号发出以后，覆盖区内的用户都可以使用这个信号。由于时间是现代社会的一个基本参量，时间在越来越多的场合得到了广泛的应用。相应地，时间出错后的影响将是无法估计的。

长短波授时发播信号的质量保证有多种途径，前面所述发射保障是一方面，还有一方面是对发射到空中的信号进行监测。可以说，对空中信号的监测是最后一道保障。

BPM短波授时台授时发播质量监测设置分为近场监测和远场监测两部分。近场监测设在授时发播监测控制室，主要监测BPM授时发播各频率的阻断率、调幅度等。远场监测设在临潼监测站，主要监测场强、频率、频带宽度、杂散发射和UT1、UTC时间比对等。时间比对数据经批量处理后储存进数据库，供时间频率公报使用。

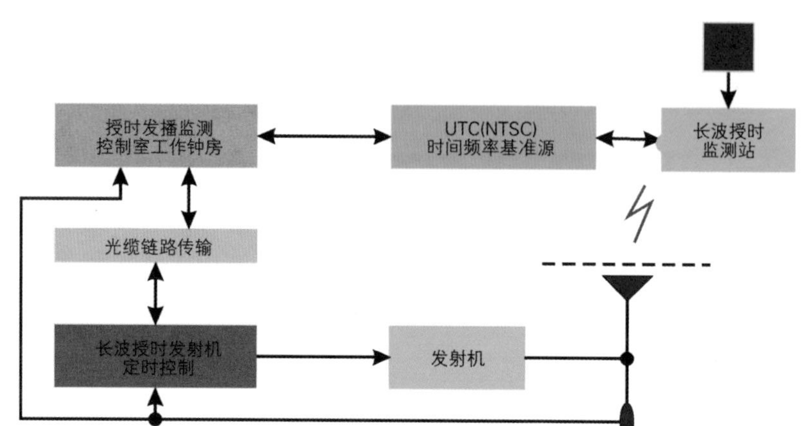

图5-23 长波授时系统自调节示意图

BPL长波授时台发射的标准时间标准频率信号与环境关系十分密切，长波授时的场强和时间精度、频率准确度等与传播环境的相互作用以及授时系统自身的调节作用，使长波授时的场强和时间精度、频率准确度等达到设计的稳定状态。

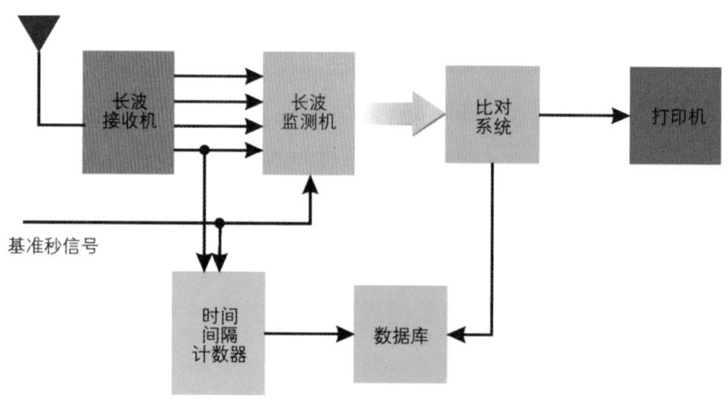

图5-24 BPL长波监测系统示意图

长波授时系统与其他开放系统一样，具有经常自调整和自适应的系统。电子学中把系统的自适应或自调整功能叫作反馈控制或闭环控制。长波授时系统有3个反馈控制回路。第一个反馈回路

是发射机经天线发射出BPL长波授时信号，通过发射天线底部地回路电流耦合环产生天线电流取样信号，反馈到发射机定时控制单元，同输入频率和时刻进行比较，完成发射机反馈控制。第二个回路，将天线底部地回路电流耦合环产生的天线电流取样信号反馈到发播监测控制钟房，扣除掉信号传输迟延后同UTC(PU)比对，保证长波授时精度保持在控制精度范围。第三个回路是空中信号的监测，长波授时监测站（设在临潼）通过接收BPL长波授时信号并对它进行监测，将监测结果反馈到发射系统，发射系统根据监测结果调整优化发射参数。

长波授时监测站配置长波接收机，接收BPL长波授时信号并输出幅度、波形和相位三路信号和秒脉冲信号，与来自时间基准源UTC(NTSC)产生的基准秒脉冲一起输入长波监测仪，经过一系列预设的数据处理后，以数据化的形式通过串行口输入到比对系统，比对系统对传来的数据进行处理、归类分析、绘图、储存、输出。该站的监测数据能及时为发射系统提供发播波形信息、幅度和相位稳定性信息，提供场强和时差的基准数据，测量发射天线辐射的信号峰值功率和授时发播阻断率。该站测量的信号采样点场强的波形三周峰值与二周峰值比，每月都在时间频率公报上公布，供用户参考。

知识链接

反馈控制 把输出信号送回到输入端，以增强或减弱输入信号的效应称为反馈。按照反馈原理建立的控制系统就称为反馈控制系统。

反馈控制系统由混合电路、控制装置、对象、取样电路、反馈网络组成。凡使输入信号减弱的反馈称为负反馈，使输入信号增强的反馈称为正反馈。在自动调节与自动控制系统中，偏差信号的产生、被控制量的调节都是由负反馈来实现的。负反馈控制能减小偏差，克服各种扰动作用的影响，达到自动控制的目的。

BPL长波授时精度在微秒量级，主要是路径时延的修正误差在微秒量级。图5-25列出了某一天24小时的监测结果，可以看出，长波授时信号的波动在100纳秒以内，标准差只有17纳秒。

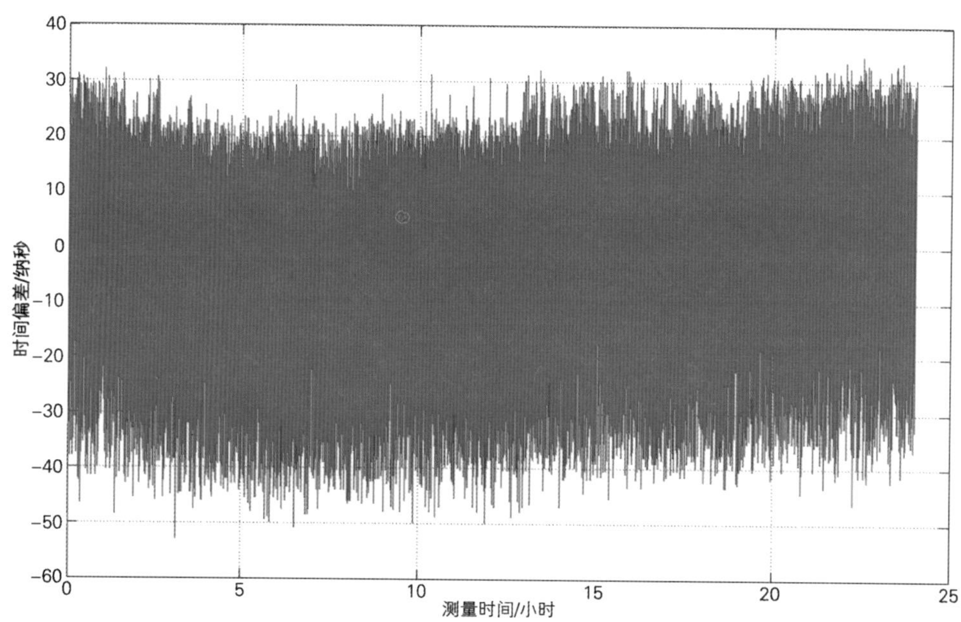

图5-25　某一天BPL长波授时误差的波动情况

20世纪70年代建成的长短波授时系统满足了当时应用的需要，但随着时代的发展，需要更多的授时手段。国家授时中心在长短波授时台的基础上，进行了升级改造，到目前已经基本组建了多种精度、天地一体化的立体授时网络体系。

扫码看视频

当前，授时手段已经扩展到了网络、电话、卫星等。

① 长短波台改造：利用新技术提高性能

随着科技水平的提高，国家授时中心多次对长短波授时台进行现代化改造，改造后的长短波授时台在国际上依然处于先进水平，它将为国民经济提供更好的服务。

（1）短波授时台可靠性与稳定性提高

BPM短波授时台始建于20世纪60年代，采用的是电子管发射机。到80年代，技术已显落后。1988年12月，陕西天文台提出短波授时台技术改造方案，中国科学院数理化学局于1989年3月在临潼召开改造方案论证会，认为短波授时台设备更新并搬迁台址是必要的。此后，陕西天文台向中国科学院申请短波授时台搬迁改造计划。中国科学院于1993年6月同意短波授时台迁建计划。

图6-1 搬迁后的短波台外景

图6-2　设在地下室的老短波台

经过3年的搬迁建设，BPM短波授时台完成搬迁改造。短波授时台的发射机采用脉宽调制式发射机，天线为14—16米自立式铁塔10座和20.5米拉线式铁塔2座，沿用原有频率发射短波时号，整个系统实现了计算机自动控制。

随着短波授时技术的发展，90年代搬迁改造时采用的脉宽调制式发射机，经过十多年的运行，在技术工艺、性能指标等方面的问题也日渐明显，短波授时系统的运行稳定性出现明显下降。因此，中国科学院国家授时中心将其作为大科学工程维修改造项目，向中国科学院提出发射机更新改造建议。2009年，中国科学院批复BPM短波授时台发射机更新改造项目正式立项建设。

图6-3　搬迁后的短波台天线阵

本次改造的主要内容是将3部脉宽调制式发射机更新为现今最先进的全固态发射机。经过4年的研制建设，2013年初，3部全固态发射机正式交付使用，中国科学院国家授时中心组织所内外专家，对3部发射机进行了测试，发射机各项指标均达到设计要求，开始试发播运行。2013年11月，项目通过中国科学院组织的验收。

在2014年和2015年，国家授时中心又对发射机进行了改造，将脉宽调制式发射机全部改造为全固态发射机。

与以前相比，改造后的BPM短波授时系统有两个优势。首先是增加了时码发播功能，用户可以直接从发射的信号里提取时间，可以实现自动定时的接收机。其次，由于更换为全固态发射机，短波发射台的稳定性、可靠性得到了质的提升，发射信号的功率更加稳定，对发射信号的控制也实现了自动化。

至此，短波授时台基本达到了国际一流的运行能力和发播质量，可以满足当今社会对短波授时的需求。

(2) 长波自主授时达到国际先进水平

BPL长波授时台始建于20世纪70年代，受当时我国科学技术水平的限制，长波授时台发射机采用的是电子管发射机，发播机房建在地下，需要庞大的通风和水冷系统，耗能大，工作效率低，每天只能定时发播8小时。不具有数字调制发播功能，授时发播信号中没有时码信息，用户只能借用短波授时信号粗同步后才能实现精确定时，给用户使用带来极大不便。

为进一步提升BPL长波授时功能和性能，经中国科学院批准，从2006年开始，国家授时中心开始对BPL长波授时系统进行了全面技术改造。

技术改造工作在不影响原系统正常发播的条件下进行。2008年底，技术改造工作全面完成。2009年1月10日，国家授时中心开始使用新系统24小时连续不间断试发播，6月22日，长波授时台经上级有关部门批准暂停发播，对长波授时台发播天线辐射体进行更换，7月19日，系统恢复正常发播。2010年，项目通过了中国科学院组织的验收。

在改造过程中，国家授时中心重视科研成果与新技术应用，选用了技术更为先进的全固态发射机；实现了自主授时功能；增加了时码发播、授时脉冲信号时刻数据发播功能；新研制了数字解调定时接收机；建立了电波传播时延数据库，研制了自动修正

图6-4　老长波台发射机部件

软件等，用户接收机实现了全自动定时（只需为接收机输入天线坐标），使我国在长波自主授时方面，达到国际领先水平。

通过发播运行的考验，BPL长波授时台技术改造取得圆满成功。在实现每天24小时连续发播、时码发播、自主授时、与“长河二号”信号兼容的同时，系统耗能效率约为原系统的3倍，天线辐射信号功率由原平均1100千瓦提升到1300千瓦以上，授时信号年平均阻断由原来的5‰提升到3‰，授时信号波形一致性、稳定性、可靠性均得到大幅提升。在为用户提供更加稳定可靠便捷授时服务的同时，为我国长波授时系统的发展打下坚实技术基础。

随着我国卫星导航事业的飞速发展，BPL长波授时系统以其授时精度高，信号覆盖范围大，抗干扰能力强，与我国北斗卫星导航系统互为备份，除可独立使用外，还可作为卫星导航授时系统

图6-5　改造后的长波授时台

的增强系统，同卫星导航系统一并构成了我国稳定、可靠、具有国际水平的时间频率保障体系。

② 低频时码授时台：中国制式的电波钟

低频时码授时系统的工作频率在第五频段（30—300千赫），是使用长波进行时间传递的典型应用。它主要适合模拟秒脉冲调幅信号，并根据调制的脉宽给出一定的时间编码信息，故也被称为低频时码系统。该系统适用于区域性的标准时间频率传输，其传播的稳定度、覆盖范围的广泛性，使其在各个领域都发挥了重要的作用。

（1）遍布世界的低频时码授时台

近二十年来，随着微电子技术的推广和应用，利用低频时码授时的产业化发展取得了突破。电波钟就是低频时码接收终端的一种低精度民用产品。

低频时码授时技术已经应用在众多行业，如交通、雷达以及其他需要定时和同步的行业与部门。国际电信联盟的标准频率与时间信号专家组对低频授时技术所下的结论是：这是一种非常实用的技术，尤其适用于发展中国家。为了提高接收时码信息的可靠性，节约频谱资源，国际电信联盟建议时码信息以低速率的方式在信道中进行传播。

低频时码授时是已采用了几十年的技术。英国国家物理实验室（NPL）早在1950年就采用了发播速率为1比特/秒的时码信号，呼号MSF，并于1960年开始连续24小时不间断发播；美国国家标准技术研究院（NIST）于1965年利用WWVB低频发射台发播时码信号。

低频时码授时技术已经在世界多个国家迅速发展，无论其应

图6-6 我国的低频时码授时台外观

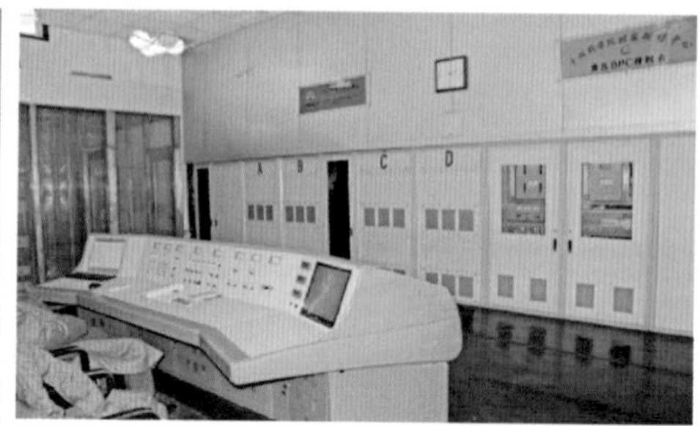

图6-7 我国的低频时码授时台发播控制大厅

用技术研究和产业化发展都取得了极大的成功。德国率先利用微电子技术大量开发计时产品，十几年前用于电力系统、交通等公益场所和民用计时市场，引进了美国的全固态发射机，增加了系统的可靠性。瑞士、法国、俄罗斯也建立了低频时码授时台。至此，低频时码信号覆盖了整个欧洲大陆，为整个欧洲电波钟表市场的成熟创造了先决条件。目前电波钟表在欧洲钟表市场的占有率已达到40%。

(2) 后发优势的商丘低频时码授时台

2007年，中国科学院国家授时中心在河南商丘建立了一座大功率、连续发播的低频时码授时台，构筑了我国新一代低频时码授时系统，技术指标处于国际先进水平。商丘低频时码授时台的授时信号可以有效覆盖我国京、津和长江三角洲等地区。

该系统建成后，进一步推动了我国授时体系的建立和完善，更好地覆盖了我国华北、华中、东南等经济较为发达和人口密集地区，为我国东、中部地区提供更好的标准时间服务。

国家授时中心在对低频时码授时前期的研究中，利用后发优势，工作卓有成效，如现代通信概念的引入和高效编码，编码信息量是国外同类系统的3倍。已进行的大纬度范围D电离层和电波传播研究不仅对本类应用，而且对其他低频、甚低频工程都有重要参考意义。

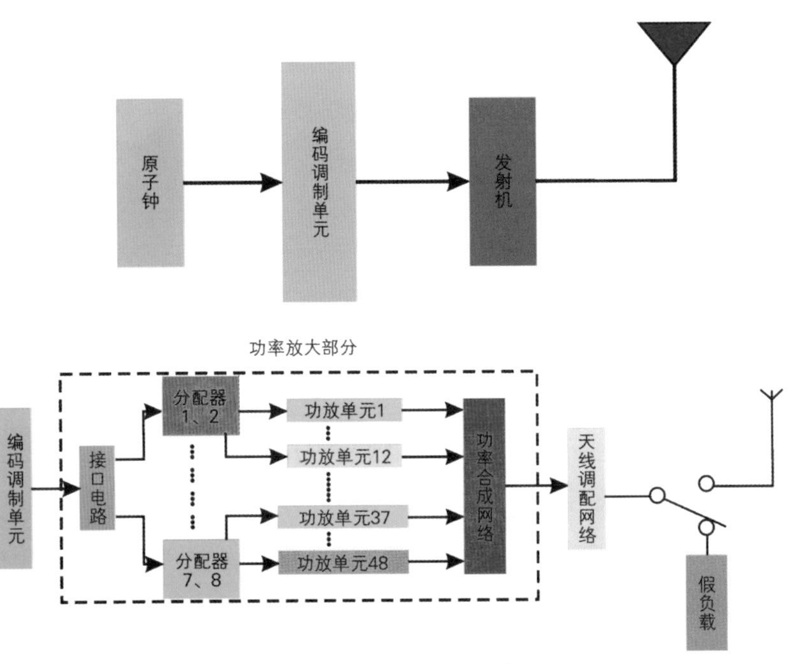

图6-8　BPC发射系统示意图

(3) 低频时码授时台的工作特点

BPC低频时码授时发射台由原子钟、编码调制单元、发射机系统和天线系统组成，其功能是将UTC(NTSC)秒信号与标准时间编码信息按规定程式和发播功率发播出去，提供符合要求的授时信息。

低频时码信号发射机系统由高频激励器、分配器、接口装置、功率桥、功率合成放大器、测量与保护装置、高压电源、调配网络等组成。发射机采用全固态MOSFET功率模块，利用模数接口技术达到放大过程数字化，采用阶梯合成技术和利用相位错开的方法，使功率放大的合成输出接近正弦波，提高整机效率。

发射机的工作流程为：标准时间秒脉冲信号送给编码调制单元，产生一个正弦信号，送模数接口装置，产生12组按时序排开的数字信号，分别提供给8个分配器；每个分配器再产生8组脉冲数字信号（预留16组信号），分别去控制48个功放桥开展工作；经功放桥放大后，分别送功率合成器进行合成，再经天线调配网络调配、滤波，最后由天线辐射出去。

BPC低频时码授时系统是一个载频为68.5千赫的调幅无线发播系统。调幅脉冲下降沿的起始点，指示着UTC(NTSC)的秒起始点。调幅脉冲的宽度按制定的传输协议给出日历和时间的数字编码信息。调制速率为1比特/秒。

低频时码信号采用了幅度与脉宽同时调制的方式。在每秒（除第59秒）开始时刻，载波幅度下跌原波幅的90%，下跌脉冲不同的持续时间代表不同的数据信息，第59秒的缺省意味着下一分钟的开始。

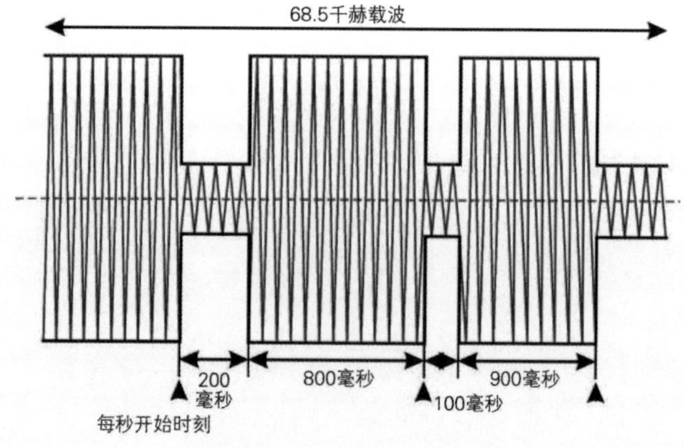

图6-9 BPC信号波形形式

低频时码信号形式都是以1秒为单位变化的，在1秒间隔内包含了标准秒脉冲信息和时间编码信息。

低频时码使广大民用用户方便地获得精度在毫秒量级的国家标准时间。

③ 互联网授时：每秒上百个用户

网络授时可能是目前用户最多的授时系统。网络授时是在国际互联网上，利用网络时间协议（Network Time Protocol, NTP），进行标准时间传递的方法。实际上，网络授时不仅是在互联网授时，在局域网内，也可以利用NTP协议授时。

（1）多种协议的网络授时

以IP为基础的异步网络架构如何保证网络的时钟同步，一直是网络技术发展中的一个重要问题。伴随着网络传输技术的升级及网络传输速率的提高，对于网络时间同步精度的需求也不断提高，网络时间同步技术也随之不断地更替升级。

美国国防部先进研究项目局在1983年分别发布了日期协议与时间协议。日期协议使用网络端口号为13，向被溯源网络节点发送表示日期、年份、时间及时区的ASCII代码。时间协议使用的网络端口号为37，向被溯源网络节点发送自1900年1月1日零时起的累计32位累加秒数。因为两者的计时最小单位为秒，故时间同步精度只能达到秒级水平，并且没有对网络延时进行计算。

图6-10 网络授时让用户在网络上获得标准时间

网络时间协议是从时间协议与时间戳信息演变而来，最初由美国的米尔斯（David L. Mills）教授在其1981年发表的同步技术的文章中提出，文档编号为RFC778。1985年NTP版本0在模糊球系统和UNIX系统上实现。该版本定义了NTP报头格式以及偏移与延迟的计算。1988年NTP版本1推出，文档编号为RFC1059。该版本是第一份综合性的协议和算法的规范，包括了早期版本的时钟滤波、选择和驯化算法。并且首次定义了服务器客户端与对称两种工作模式，以及首次在报头里使用了版本域。1989年NTP版本2推出，文档编号为RFC1119。该版本首次包括了一个正式模型、描述协议的状态机和定义操作的伪代码。

互联网工程任务组于1992年发布NTP版本3，全称为“网络时间协议版本3：协议与算法规范”，文档编号为RFC1305。该版本通过网络上确定的若干网点作为时钟源节点，以此来为用户提供统一、标准的授时服务（可称之为广义的NTP授时体系）。这种设计充分考虑了互联网上时间同步的复杂性，在溯源有效的情况下可以实现时间的校正跟踪。但是其系统结构复杂，组建实现困难，故IETF（The Internet Engineering Task Force，国际互联网工程任务组）同时发表了在中小型网络中使用的简化网络时间协议SNTP（可称之为狭义的NTP协议），文档编号为RFC1769。SNTP只向一个单一的时间源节点溯源，不包括驯化算法，极大地降低了系统结构的复杂性，但是网络精度和可靠性也随之下降。

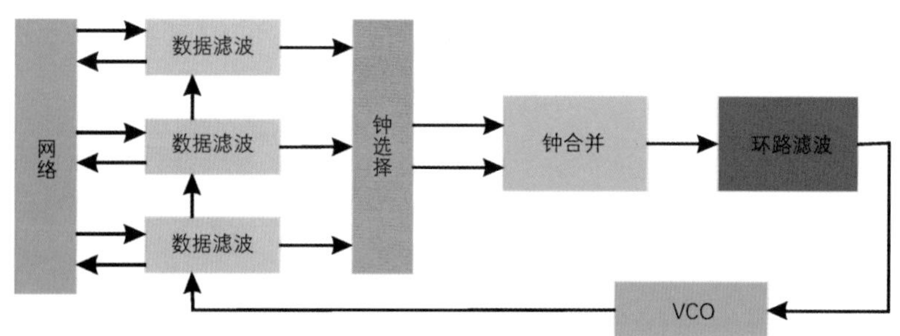

图6-11　NTP时钟优化选择

NTP历经30年后，2010年6月，IETF推出了最新的NTP版本

4，全称为“网络时间协议版本4：协议与算法规范”，文档编号为RFC5905，其主要更新是增加了IPv6报头的报文格式。其对应简化版本为SNTP版本4，文档编号为RFC2030。由于授时硬件设备的低解析精度、网络的复杂性以及网络延时的不确定性，其授时精度没有明显提高。在正常的网络情况下，广域网（Wide Area Network, WAN）上的NTP提供的时间精度从几十到几百毫秒不等。

（2）对收对发测量钟差

NTP提供准确时间，首先要有准确的时间来源，这一时间应该溯源到UTC，时间按NTP服务器的等级传播。按照离UTC源的远近，将所有服务器归入不同的网络层中。顶层有外部UTC接入，第二层从第一层获得时间，第三层从第二层获得时间，以此类推，总的层数控制在15层以内。所有这些服务器在逻辑上形成阶梯式的架构相互连接，而第一层的时间服务器是整个系统的基础。

计算机主机一般同多个时间服务器连接，利用统计学的算法过滤来自不同服务器的时间，以选择最佳的路径和来源来校正主机时间。即使主机在长时间无法与某一时间服务器相联系的情况下，NTP服务依然能有效运转。

为防止对时间服务器的恶意破坏，NTP使用了识别机制，检查来对时的信息是否真正来自所宣称的服务器并检查资料的返回路径，以提供对抗干扰的保护机制。

NTP的时钟结构是服务器/客户端模式，其基本的同步原理是客户端周期性地向一个时间服务器集合发出附带自身所带时间戳信息的请求报文。相应的服务器接收到请求报文后返回应答报文。这里可用的时间服务器集合列表保存在每个客户端内，并进行周期性的更新。客户端通过报文交互产生的时间戳信息确定时间偏差与网络延迟。然后，每一组的偏移和延迟数据通过数据滤波处理，减小偶然的时间噪声对于数据的影响，使用钟选择算法来确定最准确可靠的子集。由该子集得到的偏移先被加权平均合并，再用锁相环处理。在经过锁相环滤波以及选择合并操作后产生一个相位校正因子，该因子被环路滤波用来处理控制本地时钟，其作用为一个压控振荡器。压控振荡器提供时间相位参考来纠正本地时钟，从而达到时间同步以及产生精确的本地时间戳信息的目的。

SNTP简化了时间服务器的优化选择算法，只固定使用一个设定时间服务器进行同步。两者的同步基本原理是一致的。

NTP基本的同步过程是：客户端以ΔT_n为周期，发送包含本地初始时间戳信息t_1的请求报文到服务器。服务器接收到请求报文后，产生接收时间戳t_2。当服务器完成请求处理后，向对应的客户端返回包含有t_1、t_2以及发送时间戳信息t_3的应答报文。客户

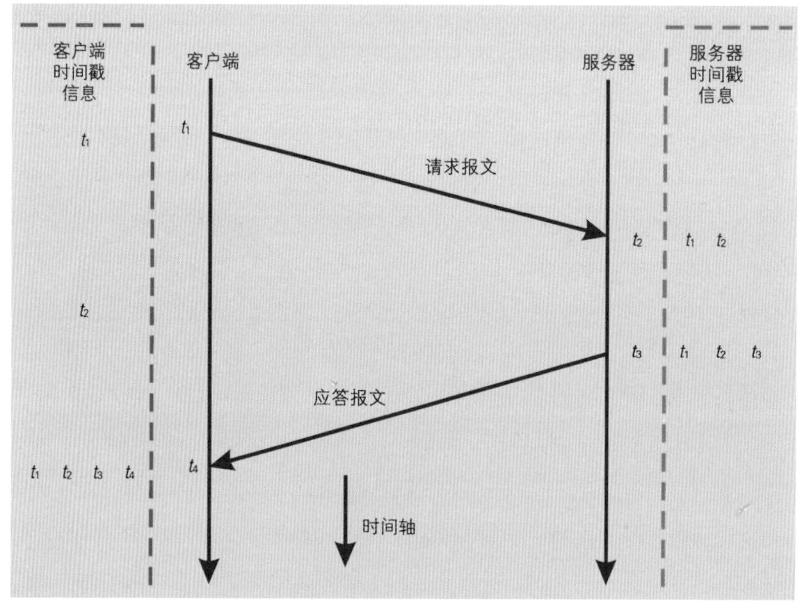

图6-12　NTP网络报文同步交互流程

端接收应答报文时产生时间戳信息t_4。客户端通过这4个时间戳来计算客户端和服务器之间的时间偏差，而计算这个偏差需要先计算网络传播延迟。

t_1、t_2两个时间戳的差值包含两个内容：客户端和服务器的时间偏差（客户端钟—服务器钟）、网络上的延迟；t_3、t_4两个时间戳的差值同样包含两个内容：服务器和客户端的时间偏差（服务器钟—客户端钟）、网络上的延迟。

如果认为网络上往返的路径是相同的，将时间戳的差值相减取平均，就可以计算出客户端和服务器的时间偏差。

NTP在报文里提供当前标准的UTC时间信息，在版本4里同时提供当前闰秒数的信息。NTP在警示位里可以提示是否引入闰秒修正，通常这个时间插入点在UTC当天的最后一秒。当需要进行闰秒修正时，NTP不会修正本地的NTP累加秒。NTP起始时刻是1900年1月1日0时。为了与UTC时间一致，设定1972年1月1日0时为NTP累加秒时间2272060800.0。NTP累加秒时间是通过一个32位无符号整形变量来表示的。故NTP经过每2^{32}秒（约136年）进行更新。距离当前最近的时间更新点近似为2036年。

知识链接

NTP时间服务器可以利用以下三种方式与其他服务器对时：

1. 广播/多播方式（broadcast/multicast）；
2. 对称模式（symmetric）；
3. 服务器/客户端模式（client/server）。

广播/多播模式主要适用于局域网的环境，时间服务器周期性地以广播的方式，将时间信息传送给其他网络中的时间服务器，其时间仅会有少许的延迟，而且配置非常简单。但是此模式的精确度并不高，在对时间精确度要求不是很高的情况下可以采用。

对称模式的一台服务器可以从远端时间服务器获取时间信息，也可提供时间信息给远端的时间服务器。此模式适用于配置冗余的时间服务器，可以提供更高的精确度给主机。

服务器/客户端模式与对称模式比较相似，只是不提供给其他时间服务器时间信息，此方式适用于一台时间服务器接收上层时间服务器的时间信息，并提供时间信息给下层的用户。

（3）我国网络授时服务

通常每隔两三天，计算机的时间就会产生1秒误差。如果你的计算机与互联网连接，那就完全用不着担心出现误差。因为有很

图6-13　国家授时中心网络授时服务器

多站点提供网络授时服务，可以把计算机的时间校准。例如，用户登陆网址http://time.ntsc.ac.cn（IP：210.72.145.44），就可以根据界面上的提示使用国家授时中心的网络授时系统。

国家授时中心的网络授时系统可以在网络上提供秒级时间服务，从开通以来，为大量的用户提供了校时服务，使用户的计算机显示时间与国家标准时间准确同步。

2010年，网络授时服务器应答用户授时请求数全年累计达到近220亿次，平均每天6027万次，平均每秒697次，峰值每秒2570次。所有这些都是公益性的服务，用户除了本身上网需要的流量外，不需要任何其他费用支出。

④ 电话授时：打电话就可以知道时间

电话授时，即普通大众熟悉的语音报时系统，拨一个电话就能听到报时的声音，这种报时的精度能达到0.5秒。实际上，还有一种电话授时系统，利用专用的设备，使用电话线传递标准时间，可以达到毫秒的时间传递精度。

（1）秒级精度的语音报时系统

电话语音报时系统是利用固定电话、移动电话和IP电话作为查询手段，对当前时间进行查询的服务性系统，它能为用户提供秒级的时间服务。其中，电信117就是专门提供该项服务的。国家授时中心应一些部门的要求，建立了精度较高的语音报时系统——秒级准确度的语音报时系统。

电话语音报时系统主要由时间同步单元和语音报时单元构成。

时间同步单元采用中国科学院国家授时中心研制的时钟同步卡，主要包括网络时钟同步卡、长波授时（BPL）时钟同步卡、低频时码（BPC）时钟同步卡、GPS时钟同步卡。其中，标准时间产

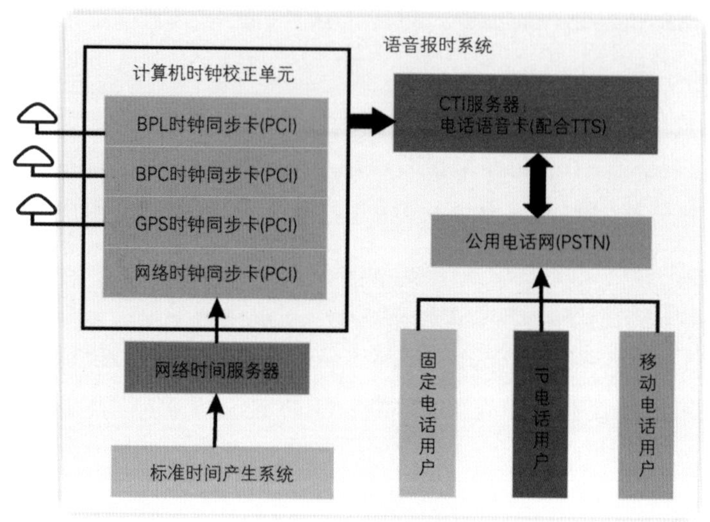

图6-14　电话语音报时系统示意图

知识链接

2004年5月，国家授时中心开通标准时间语音报时服务，语音报时专线029－83895117。语音报时的时间源直接来自国家授时中心保持的国家标准时间UTC(NTSC)，采用音频脉冲“嘟”声作为秒信号提示音，使用户校时更加方便，报时误差小于1秒。该项服务的开通为广大用户提供了一种精确、方便的语音校时服务。该项服务只需支付通话费，不收任何额外的信息服务费。

生系统产生的标准时间信息经过计算机局域网络到达网络时钟同步卡，BPL长波授时系统和BPC低频时码授时系统分别以载频100千赫、68.5千赫将标准时间信号发射，BPL时钟同步卡与BPC时钟同步卡可通过天线接收标准时间信号。BPL、BPC的定时准确度分别为0.1微秒和40微秒。另外，系统中还采用了GPS时钟同步卡接收GPS时间信号，以便和三种时钟同步卡做校时比较。如果仅作为报时，其中任何一个均可为本地时钟系统提供精确可靠的时间信号。

电话语音卡将文本转换为语音，为各种语音应用与实现提供了便利。

语音报时软件是语音报时系统构建的重要内容，主要处理链路上的时延，控制语音卡进行报时。

软件设计的关键是如何保证用户获取的时间信息准确、可靠，以便用户能据此准确地对时、校时。当语音卡检测到有用户呼入时，立即摘机并通知应用程序响应相关的操作（提取服务器时间、打开通道、播放语音等），这一操作不可避免地会有时延。

对此的处理方法是采用主动停等式算法，摘机后，等待一段较短的时间，确保通话已经建立后，再延时到秒的上升沿时发送语音信息。其中，话音通路的建立时延值是个关键值，这里结合有关规范进行解读。

语音卡发出的摘机信令为被叫信令，该信令的传输时延包括局间信令传送时延和应答发送时延两部分。

A. 局间信令传送时延

局间信令传送时延指从交换局识别到入局信令到信令被转发到相应的出局链路的时间间隔。YD/T 1284—2003《邮电部电话交换设备总技术规范书（附件）》中规定："对使用No.7信令的转接话务接续，应使用CCITTQ.725和Q.726建议中Tcu值。"国际电信联盟相关文件规定No.7的信令处理时延在95%概率时不超过360毫秒。如果从被叫端局交换机到主叫端局交换机之间有N个交换机（N≥0），那么被叫摘机信令从被叫端局传到主叫端局交换机的信令传输传送时延最大约为N×360毫秒。应该注意到，相同两个

图6-15 打一个电话就可以知道时间

局间主叫和被叫所经过的交换机数目可能是不同的，与是否经过迂回路由，经过哪条路由有关。并且它与交换局间链路和信令的种类有关。如信令经过一段卫星线路，或经过一段No.1信令，都会大大增加时延。在本算法中暂时只考虑大多数固定用户和移动用户，不考虑局间链路中有No.1信令链路和卫星链路的情况。

B. 应答发送时延

应答发送时延指被叫端局交换局从识别到被叫用户摘机到在中继上发送出表示被叫摘机的信令所需要的时间。YD/T 1284—2003《邮电部电话交换设备总技术规范书（附录）》中规定："终端连接交换局应答发送时延在95%概率时不超过300毫秒。"

我国长途电话网的基干连接大致在5—8段范围内：一般采用省、（地）市两级结构，长途呼叫的基干连接为5段电路，五个交换局（被叫端局—地、市级中心局—省级中心局—地、市级中心局—主叫端局），少数省话务量较小，省间未设置直达的长途电路，这样某些省的省际话务需要经过其他省迂回，同时本地连接可能要经过汇接局，因此实际的基干连接可能达到8段。

结合应答发送时延和局间信令传送时延，我们不难得出：对于5段用户，在各局负荷≥95%时，摘机信令传输时延$t \leqslant 1.74$秒；对于8段用户，在各局负荷≥95%时，摘机信令传输时延$t \leqslant 2.82$秒。

根据上述分析，取3秒作为信令传输时延的上限，软件在检测到摘机信号后，记录第k次电话呼入时刻与正秒的差值tk(0—1000毫秒之间)，兼顾正秒播放与信令时延阈值t，在响应电话呼入至语音播放之间的时延：$t(k)=4000-tk$(长途)，$t(k)=3000-tk$(本地)，tk对不同呼叫的值并不固定，但对某一次呼叫的值是固定的。对于没有No.1信令链路和卫星链路的大多数固定用户而言，tk为信令时延提供了较为宽松的上限。

时间具有流逝性，不可能让其停留或保持住。许多117报时台报时都是："刚才一响，北京时间××时××分××秒。"用户较难利用其信息来对时、校时。为此，国家授时中心的电话语音报时引入了提前预报的机制，如："下面一响，北京时间××时××分××秒。"先告诉用户下一个"嘀"声代表第几秒的上升沿，以便在"嘀"声到来时，能从容完成对时、校时的动作。为了减小报时误差，"嘀"声规定为"100毫秒，100毫秒"的方波信号，且其下降沿与秒脉冲的上升沿同步。因此，上面的时延式修正为：$t(k)=3800-tk$（长途），$t(k)=2800-tk$（本地）。

经上述两项处理，保证了我们在本地报时的准确度在0—100毫秒之间。由于语音通道建立以后，语音传输时延（语音传输速度接近光速）很小，全国各地小于100毫秒（IP电话可能性稍大，也应小于250毫秒），用户得到的报时准确度低于500毫秒，一般在250毫秒以下。

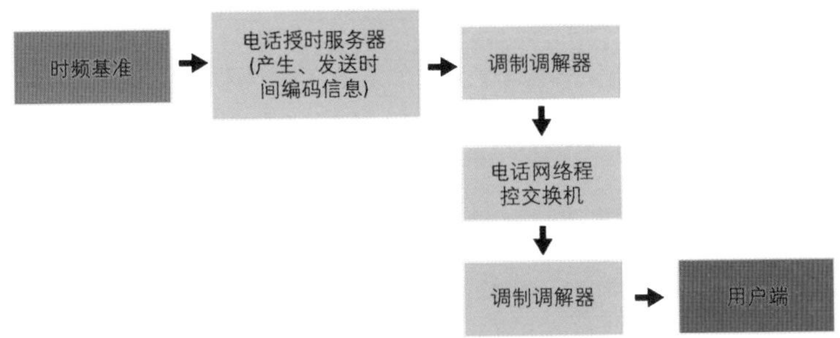

图6-16　电话授时系统构成

（2）毫秒精度的电话授时系统

电话语音报时目标是让人能听到声音，达到0.5秒的精度就够了，实际上，利用电话线可以实现精度在毫秒量级的授时。

公用电话授时服务是利用公共电话交换网传输时间信息的一种技术方式，是一种常规的授时手段。它工作可靠，成本低廉，能够满足用户中等精度时间的需求，可为科学研究、地震台网、水文监测、电力、通信、交通等行业提供时间同步手段。

公共电话交换网采用实时双向电路交换方式来实现时间同步，这样我们可以以普通电话用户的身份，通过公共电话交换网为数字时间戳服务机构以及电话用户提供标准时间信息，并将时间认证活动归档保存，以备查询。同时电话授时方式还具有一定的特殊性，即当电话拨号完成，话音信道建立后，两点间物理连接信道就基本确定，其传输时延是固定的，这样通过测量信道传输时延的方法进行时间精度的修正就可以得到较高的授时精度。

1998年开始，国家授时中心开通了公共电话拨号授时服务。2001年，中国计量科学研究院利用电话网络建立自动校时服务系统，开始面向公众开展电话校时服务。

电话授时服务的授时精度主要受时延测量精度的影响。因此，如何提高电话信道传输时延的测量精度，是提高电话授时精度所要研究的关键问题。

公共电话交换网传输的是0.3—3.4千赫的模拟语音信号，而电话授时技术是利用公共电话交换网的通道进行数据信息的传输，这样的方式要求在信号发送端和接收端必须进行相应的信号格式转换以满足信息的传输。在发送端必须将发出的数字数据信息转换为适应电话信道传输的信号格式，经过发送端的用户线传至程控交换机；在发送端局再将模拟信号转换为数字信号传输，而接收端局则完成数字信号到模拟信号的转换；然后经过接收端的用户线传至接收端，接收端局将收到的模拟信号转换为数字数据信号送给计算机。因此需要调制解调器完成相应的功能。

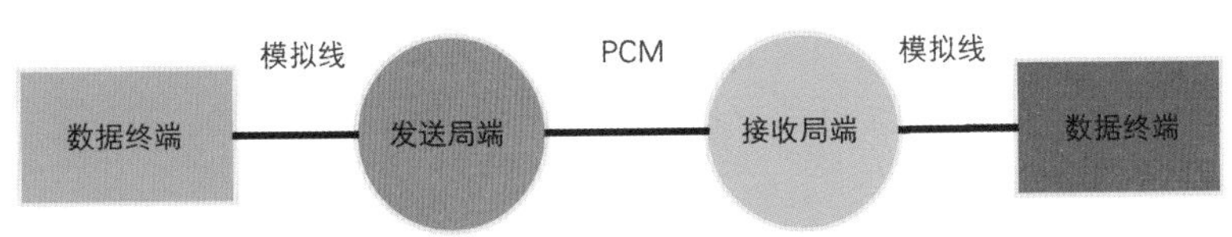

图6-17 电话授时的数据交换过程

目前较为常见的电话授时服务系统由服务器和用户机组成，服务器的时间与标准时间同步。国家授时中心的电话授时服务系统用UTC(NTSC)主钟的5兆赫频率信号作为基准，建立标准数字钟，根据数字钟时间信息建立传输时间码格式。服务器与用户机之间则经过调制解调器连接到公共电话交换网络进行数据交换，即服务器向用户机传递标准的时间信息，或者用户机向服务器查询标准的时间信息。

电话授时服务器传输的时间信息经过公用电话网的程控交换机送到用户端。用户只要配置一个调制解调器和一些简单的电话授时软件，按要求设置后，就可以通过电话接收授时服务器给出的时间信息，调整接收端时钟，使计算机的时钟与时间服务器的时钟同步。

电话授时系统以咨询方式向用户提供标准时间信号。首先，用户拨打授时系统的服务电话，请求接收时间信息；授时系统服务器在收到用户计算机的时间服务请求后，将标准时间信息（时

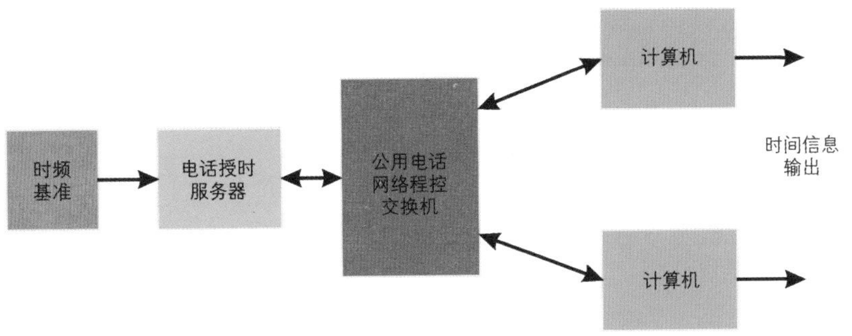

图6-18 电话授时系统原理

码）送到公用电话网上，经由程控交换机发送给用户；用户收到服务器发送的时码信息后，计算出时延并扣除后得到标准的时间信息，这样就完成了授时服务。

⑤ 卫星授时：与长短波授时密不可分

我国的北斗卫星导航系统运行以后，给我们提供了一种新的授时方法。卫星导航系统体现了时间和位置的相关性，利用精密的时间传递实现定位，然后又提供了一种精密时间传递的方法。到目前为止，作为精度最高的单向授时手段，卫星导航系统的授时能为用户提供十纳秒量级的标准时间。人们以卫星导航系统为参考，开发了共视、全视等授时方法，实现了纳秒级的时间比对。

（1）卫星导航功能实现靠伪随机码测量伪距

有两人各自站在两座大山顶上，他们能互相看到对方，但不知道相距多远。他们想测量一下距离，想出了一个很简单的方法：两个人互相招招手，同时开始数数："1，2，3……"每秒钟数一个数。

一个人在数数的同时，听别人数数，如果他数到2的时候，他可能会听到另外一个人数到1。因为声音传过来要一定时间。

这样，他就知道声音从一个人传到另外一个人需要1秒钟的时间，声音在空气中的传播速度是334米/秒，可知两个人相距约334米。

卫星导航系统测量距离的方式与这类似，只是用以光速传播的电磁波代替以声速传播的声波，把报数换成发射伪随机码。

伪随机码有一个特点，对于两个一样的伪随机码，在相等间隔的时间间隔内取出伪随机码的状态0或者状态1，把两个伪随机码的状态相乘，如果码完全对齐，乘积很大，但如果两个码的位

图6-19 要测量这两个人的距离可以通过两个人同时数数的办法

置错开，乘积将会急剧下降。这就是说，伪随机码具有很强的自相关性。这就是卫星导航中使用伪随机码的原因。

图6-20 伪随机码

这里用一个伪随机码的四个形态说明卫星导航系统测量距离的过程，见图6—21。

A是发射站发射的伪随机码，发射站可以是卫星，也可以是地面发射设备。发射站一般配备高精度的原子钟，根据原子钟的时间产生伪随机码。一般伪随机码频率太低，不适合长距离传播，将它调制到高频率的载波信号上，相当于高频率信号是一辆“马车”，把伪随机码拉上。

伪随机码被高频信号的“马车”拉到接收机以后，接收机使

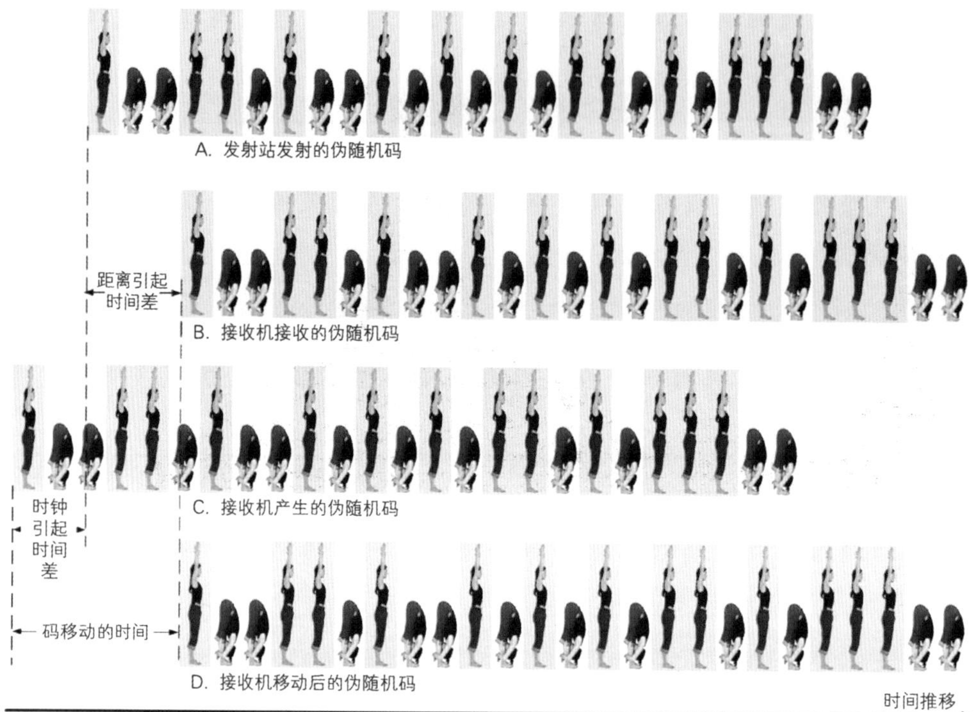

图6-21 伪随机码相关测量距离的过程

用解调的方法，提取出伪随机码B，因为信号从发射站到接收机要经过一段距离，相对应地，时间也过了一段。因此，A和B就对不上了，相隔的时间就是发射站到接收机的距离引起的时间差。

对于接收机，根据自己的时钟的时间产生伪随机码C，由于接收机相对简单，其时间并不是很准，与发射站的时间有偏差，这与伪随机码A是对不齐的，相隔的时间就是两者的时间差。

接收机产生伪随机码C以后，就把C向后移动，直到C和B完全对齐，得到伪随机码D。C移动的时间，就是接收机的测量值，这是卫星导航系统最基本的观测量。

电磁波在空气中以光速传播，如果把接收机测量的时间乘以光速，能得到距离值。距离值包含两部分，一部分是发射站到接收机的距离，另一部分是由于发射站和接收机时钟不一致导致的距离。可见，它与真实的距离有差别，在卫星导航系统中，称其为伪距，即假的距离。

在实际中，电磁波从卫星传到地面，还会引入一些误差，例如电离层的附加延迟和对流层的折射路径。电离层中充满了被电离的粒子，使得电磁波的速度会比光速略小，这将引起传播时延的增加，所以称电离层附加延迟。电离层附加延迟的特点与电磁波的频率有关，导航卫星发射两个频率的信号，根据两个频率信号测距值的差异可以计算出电离层附加时延值。对流层是地球10千米以内的大气层，这里面含有水汽，水汽密度越靠近地球越大，密度差异导致折射率的差异，进而导致电磁波在对流层中传播路径的弯曲，影响到测距的精度。这个折射的道理与雨后出现的彩虹的折射相似，只不过不下雨时空气中的水汽也会使电波传播方向发生轻微折射。不过，根据大气压、温度等参数可以计算出95%对流层折射路径长度，在测距值中扣除即可。

在伪距中扣除各种误差以后，可得到只包含钟差和几何距离引起的时延，就可以进行定位和授时了。

(2) 卫星导航系统授时和定位同时实现

使用伪随机码相关的方法，可以测量出伪距，伪距包含卫星和用户的钟差和两者之间的距离。

通过安排四颗卫星，将四颗卫星的时间统一起来，接收机就可以测量四个伪距，从而得到接收机的位置和时间了。人们常说时空，在这里，时间和空间就耦合在一起了，需要一起解出来。因此，这种导航系统的作用，除了定位外，还可以进行授时。

进行定位需要接收四颗卫星的信号，为了保证地球上的任何地点在任何时候都能收到四颗卫星的信号，需要配置多颗卫星，GPS就配了24颗，还有3颗在空中作为备份，如果有卫星异常，备份卫星就及时打开补充。

卫星多了，在一个地方收到的信号就不止4颗，实际上，收到的卫星信号越多，用来解方程的时候，对各种误差的抑制就越好。对于使用4个以上方程解4个未知数的方法，用得较多的是一种最小二乘法，这是工程应用领域的一种基本方法。

从这里可以了解到，卫星的时间统一是必需的事情，如果不统一，每增加一颗卫星，方程就会多出一个卫星钟时间这个未知数，就无法解出方程组。为了统一卫星的时间，每颗卫星上配备高精度的原子钟，在地面监测原子钟钟差的变化，并在导航电文中广播，将原子钟的钟差统一到纳秒量级。

可以说，现代的原子钟技术使得卫星导航成为可能。

(3) 利用卫星导航系统实现共视时间比对

由于UTC是滞后的时间，因此，导航系统广播的都是UTC的一个物理实现，例如美国海军天文台的UTC(USNO)、中国科学院国家授时中心的UTC(NTSC)等，下面我们用UTC(k)代替。

对接收机来讲，授时其实是定时，就是确定用户时间（接收机时间）与UTC(k)的偏差的过程。在接收机定位时，解算四个参数（x，y，z，t），这个t是用户时间与系统时间的偏差，若使用导航电文中的系统时间溯源模型将系统时间改正到UTC(k)，可实现定时。

如果接收机的位置已知，用一颗卫星就可以实现授时。那么，如何由用户时间过渡到UTC(k)呢？

接收机接收导航信号测量伪距，这个伪距是用户时间与星钟时间的偏差加上路径传播时延。路径传播时延包含几何路径引起的时延、电离层对流层等引起的时延，把传播时延扣除以后，就得到用户时间与星钟时间的偏差。

从导航电文中广播的星钟模型可以算出星钟时间与系统时间

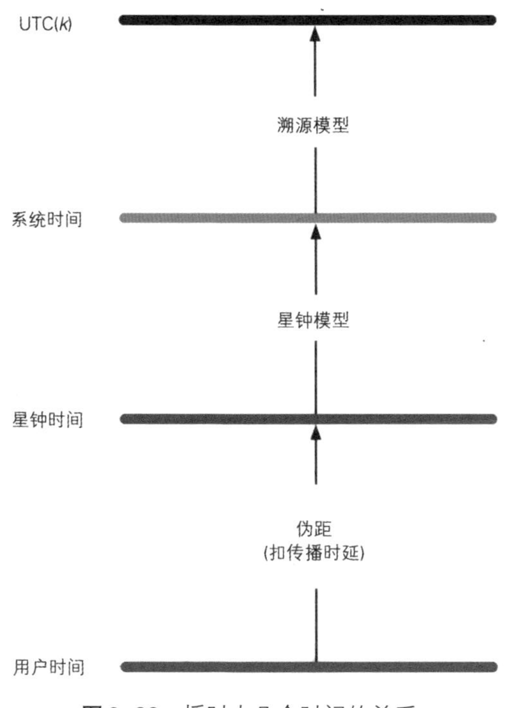

图6-22 授时中几个时间的关系

的偏差，导航电文中的溯源模型可以计算出系统时间与UTC(k)的偏差，用这两个值去修正用户时间与星钟时间的偏差，就得到用户时间与UTC(k)的偏差，从而可实现卫星授时。

卫星导航系统授时的精度约为15纳秒，由于几何路径改正误差、星钟模型误差、溯源模型误差等的存在，很难再提高精度。

授时方法是实现本地时间与UTC(k)的同步，如果地面两个地方之间要实现时间同步，就可以利用基于导航卫星的共视时间比对方法，将两个地方的时间比对精度提高到3纳秒左右。

导航卫星共视法以导航系统单向授时为基础，采用可视导航卫星作为参考，两个地方A和B都与卫星时间进行比对。由于导航系统单向授时精度只有15纳秒，得到的A/B钟与卫星时间的钟差精度也只有15纳秒，但有很多误差对两地是相同的，两地只需要

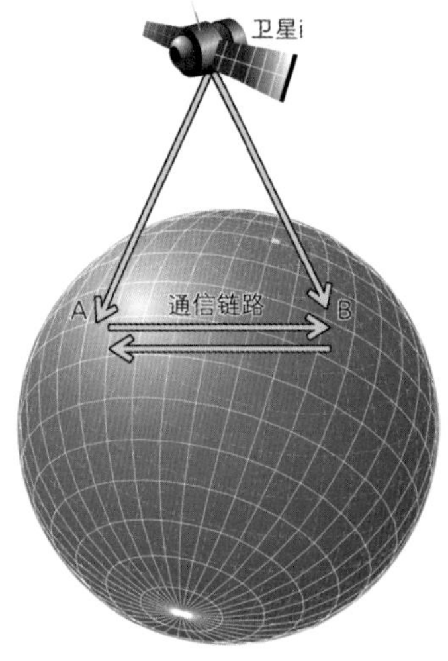

图6-23　共视时间比对示意图

交换数据，把两个测量结果相减，就可以知道A钟和B钟的钟差。因为共同的误差被抵消了，A钟和B钟钟差的精度也提高到了3纳秒左右。随着A地和B地距离的增加，误差相关性减弱，当两地距离超过2000千米时，共视时间比对地精度达到5纳秒左右。

总的来说，人们对时间有两种需求。一种需求是两个钟之间的同步，至于这两个钟本身有无偏差并无关系。例如通信系统中，只要打电话的两个人的时间同步，就可以通话。如果两个人的时间都与标准时间偏相同的量，并不会影响两个人的通话。另一种需求是一个钟与标准时间的同步，例如开会的时间，必须要依标准时间才可以。卫星导航系统能满足这两种同步的需求。

(4) 北斗卫星导航系统与长短波授时系统

北斗卫星导航系统与国家授时中心的关系是密不可分的。主要体现在以下几个方面。

首先，北斗卫星导航系统的系统时间溯源到UTC(NTSC)。卫星导航系统为了系统工作的方便，建立了系统工作的时间参考——系统时间，这是系统有序工作的时间标准。卫星导航系统的一大功能是授时，但用户根据定位方程解出来的是用户时间与系统时间的偏差，为了实现授时，还需要将系统时间修正到标准时间。北斗卫星导航系统通过与国家授时中心的时间比对链路，实现系统时间向UTC(NTSC)的溯源，测量两者的时差并在导航电文中广播，满足用户的授时需要。

其次，国家授时中心对北斗卫星导航系统的授时性能进行监

测和评估。北斗卫星导航系统授时就是广播协调世界时，而国家授时中心又实现了准确度国际一流的协调世界时。因此，国家授时中心具备了对北斗卫星导航系统授时性能进行监测和评估的良好条件，目前也正在开展这一项工作。国家授时中心也在极力改进北斗卫星导航系统的授时性能。经过对北斗卫星导航系统授时性能的监测，就可以了解每颗卫星授时的误差，国家授时中心将每颗卫星的授时误差广播出去，用户接收以后对卫星的误差进行校正，就可以提高北斗卫星导航系统的授时精度。基于这一点考虑，国家授时中心建立的基于通信卫星的授时系统，既能发布改正北斗卫星导航相同授时精度的数据，又能提供独立的授时功能。

最后，国家授时中心利用北斗卫星导航系统的共视时间比对，搭建了UTC(NTSC)远程异地复现系统，用一个设备就可以在纳秒量级复现出UTC(NTSC)，这套系统又将北斗卫星导航系统和长短波授时系统结合在一起。

长短波授时系统为国防试验、航天工程、大地测量、地震监测和科学研究等领域，以及电力、通信、金融、交通、气象、地质等行业和部门提供标准时间与标准频率服务。

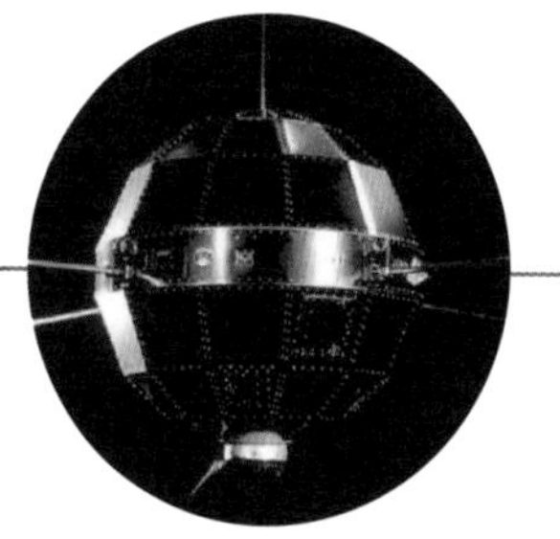

长短波授时系统为我国的航天技术领域发展提供了可靠的时间保障。

长短波授时系统的建设和发展，不仅解决了我国独立自主的高精度授时问题，推动了我国在原子钟技术、守时技术、时间频率测量和比对技术、无线电发射技术和电波传播等方面的研究，而且培养了一支从事时间频率研究的高素质科技队伍。五十年来，长短波授时系统建设取得重大科技成果150多项，1988年“长波授时台系统的建立”荣获国家科学技术进步奖特等奖。

五十年来，长短波授时系统除保证标准时间、标准频率信号的常规发播外，还为我国重要的航天工程和国防试验提供了准确可靠的时间频率信号，包括科学探测与技术试验卫星、风云系列气象卫星、对地观测遥感卫星、通信广播卫星、北斗导航卫星、载人航天工程、探月工程以及战略武器和导弹试验等三百多次重大任务。因此，多次受到国务院和有关部委的嘉奖。

图7-1 长短波授时系统获得的奖励

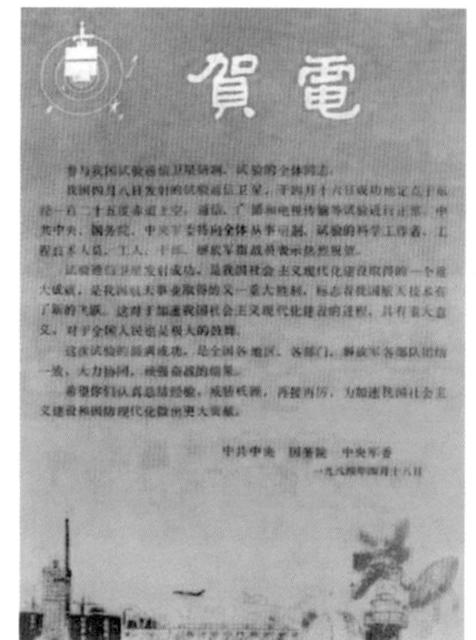

賀電

参与我国试验通信卫星研制、试验的全体同志：

我国四月八日发射的试验通信卫星，于四月十六日成功地定点于东经一百二十五度赤道上空，通信、广播和电视传输等试验进行正常。中共中央、国务院、中央军委特向全体从事研制、试验的科学工作者、工程技术人员、工人、干部、解放军指战员表示热烈祝贺。

试验通信卫星发射成功，是我国社会主义现代化建设取得的一个重大成就，是我国航天事业取得的又一重大胜利，标志着我国航天技术有了新的飞跃。这对于加速我国社会主义现代化建设的进程，具有重大意义，对于全国人民也是极大的鼓舞。

这次试验的圆满成功，是全国各地区、各部门、解放军各部队团结一致，大力协同，顽强奋战的结果。

希望你们认真总结经验，戒骄戒躁，再接再厉，为加速我国社会主义建设和国防现代化做出更大贡献。

中共中央　国务院　中央军委

一九八四年四月十八日

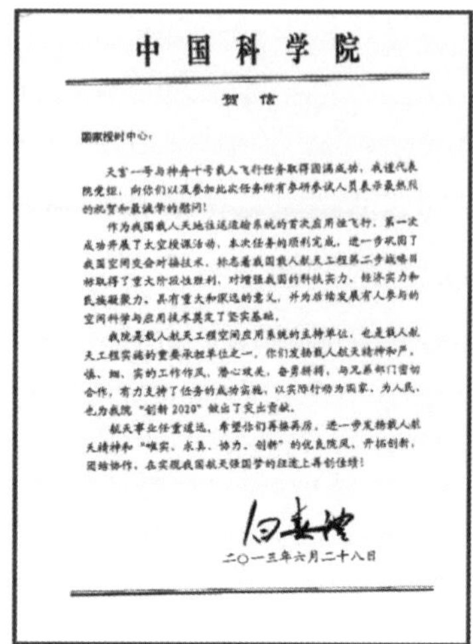

中国科学院

贺信

国家授时中心：

天宫一号与神舟十号载人飞行任务取得圆满成功，我谨代表院党组，向你们以及参加此次任务所有参研参试人员表示最热烈的祝贺和最诚挚的慰问！

作为我国载人天地往返运输系统的首次应用性飞行，第一次成功开展了太空授课活动，本次任务的顺利完成，进一步巩固了我国空间交会对接技术，标志着我国载人航天工程第二步战略目标取得了重大阶段性胜利，对增强我国的科技实力、经济实力和民族凝聚力，具有重大和深远的意义，并为后续发展有人参与的空间科学与应用技术奠定了坚实基础。

我院是载人航天工程空间应用系统的主持单位，也是载人航天工程实施的重要承担单位之一。你们发扬载人航天精神和严、慎、细、实的工作作风，潜心攻关，奋勇拼搏，与兄弟部门密切合作，有力支持了任务的成功实施，以实际行动为国家、为人民，也为我院“创新2020”做出了突出贡献。

航天事业任重道远，希望你们再接再厉，进一步发扬载人航天精神和“唯实、求真、协力、创新”的优良院风，开拓创新，团结协作，在实现我国航天强国梦的征途上再创佳绩！

二〇一三年六月二十八日

图7-2　国家授时中心执行任务后收到的贺电、贺信

①　卫星火箭发射：时间统一系统

中华人民共和国成立初期，为进行人造卫星和运载工具发射试验，国家就提出在西安地区建立短波授时台以满足发射第一颗人造卫星的需求。

文献资料记载，建设短波授时台的任务是：以天文仪器观察天体运转，以原子钟制定标准频率，发播我国独立自主的标准时间和标准频率，同时测定准确的地球经纬度和地球两极变化动态，根据标准时间、标准频率和经纬度地极坐标测定航向方位，为卫星火箭发射试验服务。

长短波授时系统的建成，为国家经济发展、国防建设和国家安全等诸多领域和部门提供了可靠的高精度授时服务，特别是为我国航天技术领域发展提供了准确可靠的时间频率信号。

在卫星火箭发射试验中，各个重要事件的记录都需要精确的时间标记，例如：发射前时间、发射后时间、发动机点火时刻、

关机时刻、多级火箭级间分离时刻、调姿时刻、入轨时刻等。这些重要时刻的记录都依赖于接收长短波授时系统的时间频率信号。发射场、测控网和试验场的各个系统之间也需要准确的时间同步，这个工作由时间统一系统来完成。时间统一系统是一套由定时校频接收机频率标准、时码产生器等设备组成的用于接收国家授时系统授时信号的完整系统。

图7-3 我国第一颗人造地球卫星（东方红一号）

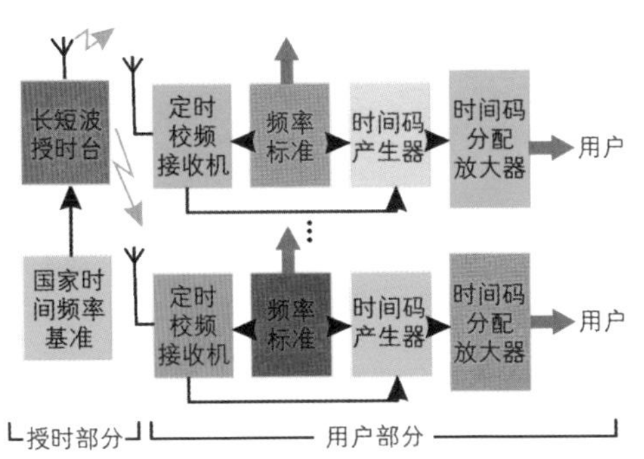

图7-4 时间统一系统组成示意图

图7-5 授时中心自主研制的时间统一系统

② “神舟”“嫦娥”飞天：精密时间保障

1992年1月，我国启动载人航天工程，又称作“921工程”。二十多年来，我国航天事业不断取得新突破，成为世界上第三个独立掌握载人航天技术、独立开展空间实验、独立进行出舱活动的国家，并且完成了“神舟八号”与“天宫一号”的精确交会对接。2003年，我国启动了月球探测工程，并命名为“嫦娥工程”，迈出了月球探测的第一步。“嫦娥工程”分为“无人月球探测”

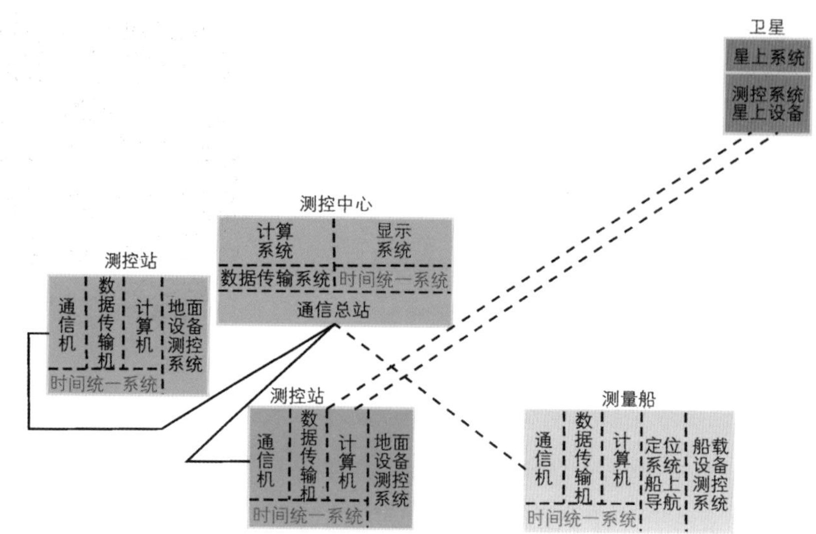

图7-6 我国航天测控系统

“载人登月”和“建立月球基地”三个阶段。目前，共发射了3颗“嫦娥”卫星，完成了绕月探测和月面软着陆，获得了120米分辨率全月球影像图和高分辨率三维月球地形图等，进行了月球有用元素和物质类型的全球含量与分布调查、月壤厚度探查以及地月空间环境探测，取得了丰硕成果。

在“载人航天工程”和“嫦娥工程”任务执行全过程中，长短波授时系统担负着标准时间和标准频率保障任务，具体见表7—1、表7—2、表7—3。如在“载人航天工程”中的火箭燃料加注、点火、抛逃逸塔、助推器主令关机、助推器分离、一级关机、一二级分离、整流罩分离、二级主动发动机关机、船箭分离、入轨、调姿、变轨、对接、制动发动机点火等重要事件的精确时间控制和记录。

航天测控网的测控中心、各个测控站、测量船之间必须保持高精度的时间同步，这个任务由时间统一系统来完成，时间统一系统需要接收长短波授时系统的标准时间和标准频率信号。

表7-1 "载人航天工程"任务一览表

发射任务	发射时间	返回时间	飞行时间	主要成果
神舟一号	1999年11月20日凌晨	1999年11月21日	21小时	实现天地往返重大突破
神舟二号	2001年1月10日	2001年1月16日19时22分	7天	第一艘正样无人飞船
神舟三号	2002年3月25日	2002年4月1日	7天	载人航天安全性提高
神舟四号	2002年12月30日0时30分	2003年1月5日	6天	突破低温发射历史纪录
神舟五号	2003年10月15日	2003年10月16日6时23分	21小时23分钟	中国首位航天员杨利伟成为太空的第一位中国访客
神舟六号	2005年10月12日9时0分0秒	2005年10月17日凌晨	4天19小时32分钟	实现"多人多天"飞行任务
神舟七号	2008年9月25日21时10分04秒988毫秒	2008年9月28日17时37分	2天20小时27分钟	航天员出舱在太空行走
天宫一号	2011年9月29日21时16分3秒			我国第一个目标飞行器和空间实验室
神舟八号	2011年11月1日5时58分10秒	2011年11月17日19时32分30秒	16天13小时34分钟	无人飞船，与"天宫一号"交会对接
神舟九号	2012年6月16日18时37分21秒	2012年6月29日10时00分	12天15小时23分钟	与"天宫一号"第一次载人对接，刘洋也成为中国第一位飞向太空的女性
神舟十号	2013年6月11日17时38分	2013年6月26日8时7分	14天14小时29分钟	开展了航天医学实验、技术试验及太空授课活动

表7-2 "嫦娥工程"任务一览表

嫦娥卫星	发射时间	离开月轨时间	主要成果
嫦娥一号	2007年10月24日18时05分	2009年3月1日完成使命，撞向月球预定地点	获取全月面三维影像
嫦娥二号	2010年10月1日18时59分57秒	2011年6月9日下午4时50分05秒飞离月球轨道，奔向深空	借助月球轨道，开展深空探测
嫦娥三号	2013年12月2日1时30分	2013年12月14日21时11分登月	月面软着陆、月面巡视勘察

表7-3 "嫦娥二号"卫星2010年10月1日发射过程的精密时间控制记录

时间(2010年10月1日)	飞行时间	事 件
11时		正式进入发射程序,举行最后一次气象"大会商"
13时30分	-5.5时	气象报告出炉,开始低温为火箭加注液氢
17时		进入射前系统,地面开始给系统加电
18时20分	-40分	2号塔架回转平台从上而下逐级展开
18时45分	-15分	最后一批勤务人员离开2号发射塔架
18时58分27秒	-93秒	火箭从地面供电转为系统内部电池供电
18时58分57秒	-63秒	倒计时60秒,准备点火发射
18时59分57秒	-3秒	点火
19时0分0秒	0秒	起飞
19时2分7秒	+127.4992秒	助推器分离
19时2分23秒	+143.4972秒	一二级分离
19时4分15秒	+255.4117秒	抛掉整流罩
19时5分24秒	+324.7087秒	二三级分离、三级一次关机、三级二次点火、三级二次关机、末速修正关机
19时25分33秒	+1533秒	星箭分离
19时55分许		宣布发射成功

③ 空间大地测量：时间频率同步

1957年世界上第一颗人造地球卫星发射成功之后，人们通过观测地球引力场对卫星轨道摄动的影响，开始空间大地测量工作。各国相继发射专门的测地卫星，用摄影测向法精确地确定地心坐标系和引力场参数，利用多普勒效应原理，不仅能测量陆地上固定点位的坐标，还能对陆上、海上和空中的动点定位，并且可以测量海水表面到卫星的高度、确定大地水准面形状等。

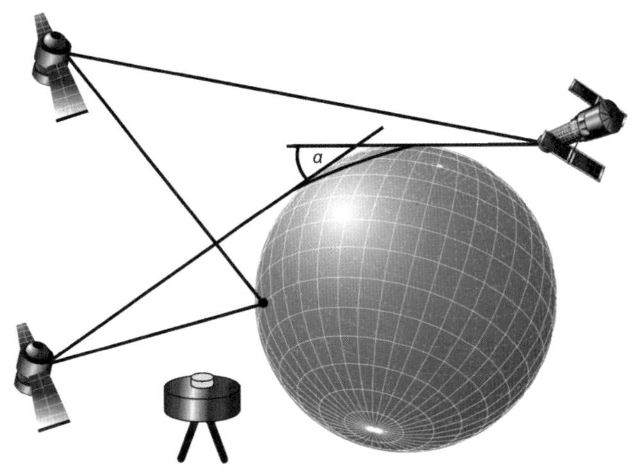

图7-7　空间大地测量示意图

我国在20世纪60年代初开始研究卫星测地，曾以摄影测向法联测西沙群岛与大陆统一的坐标；测量工作由37个点构成全国多普勒卫星三角网，建立了地心坐标系，这些观测站分布于全国各地，在执行观测任务时，需要各站之间进行时间同步和频率比对。在这项工作中，长短波授时系统的高精度时间频率服务为任务完成提供了重要保证。

在后续的国际地球自转联测和现代空间大地测量工作中，长短波授时系统依然发挥着重要作用。

图7-8　长短波授时系统在空间大地测量中获得的嘉奖

④ 服务国计民生：长短波授时应用广泛

长短波授时系统承担着我国高精度标准时间、标准频率信号的保持和授时发播任务，其提供的高精度时间频率广泛应用于基础研究和工程技术领域，涉及电力、通信、金融、交通、地震、林业和广播电视等国计民生诸多重要部门，关系到科技发展、经济建设和国防安全，是一个国家的战略资源。

在电力系统中，长短波授时为电力运行调度、故障点快速定位和电力通信网络等提供了时间同步服务。在通信系统中，高速数字通信网络的基站间时间同步、设备运行管理和事件记录等均

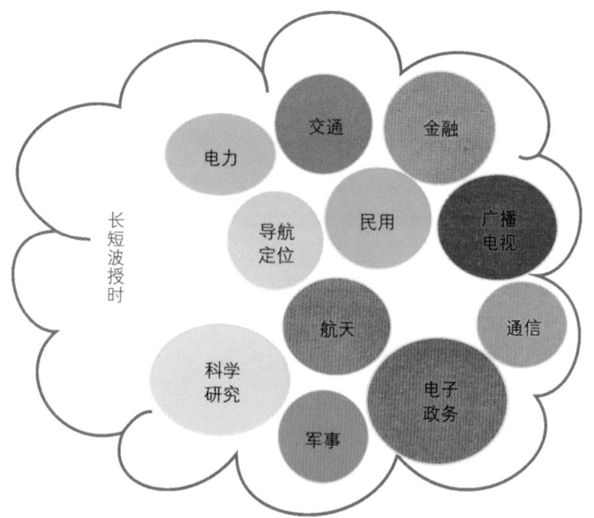

图7-9　长短波授时为国计民生服务

图7-10　授时中心研制的电网时间同步设备

需要统一时间标准。在金融系统中，金融交易时刻、国际国内银行间实时结算、证券股票交易等，都需要标准时间服务。在交通系统中，飞机和高速列车防碰撞系统、智能交通系统等，都需要高精度时间同步。在地震监测系统中，数字地震观测、地震前兆观测分析、地震现场勘测等均需高精度时间保障。

BPC低频时码系统作为长短波授时系统的拓展，在很多领域有广泛应用，特别是为我国电波钟表产业的发展起到了支撑作用。电波钟表是继石英钟表之后的新一代计时工具，内置接收芯片，自动接收国家授时系统播发的低频时码信号，实现自动校准，具有亚毫秒级精度。伴随着电波钟表进入寻常百姓家，越来越多的中国老百姓享用到该技术带来的便利。

⑤ 展望未来：国家时频体系中的重要一环

2011年9月，国家启动“国家时间频率体系”建设规划工作。目标是整合利用现有时间频率资源，建立完善国家时间频率管理机制和标准规范，构建自主化守时系统、多平台授时系统和多型谱终端支撑的服务用时系统，基本建成独立自主、安全可靠的国家时间频率体系。

长短波授时系统将是未来国家时间频率体系的重要组成部分。规划中的未来陆基授时系统将在进一步改造现有长波授时台的基础上，在我国西部增建若干长波授时台，与现有长波系统和东部台组网，并增加导航功能，形成稳定可靠的陆基长波授时导航台链，信号覆盖我国全部领土。

长短波授时系统所建立的时间基准，是北京时间的源头，具有极高的准确度和稳定度，并且成为北斗卫星导航系统的时间溯源系统，在未来国家时频体系中占有十分重要的地位。

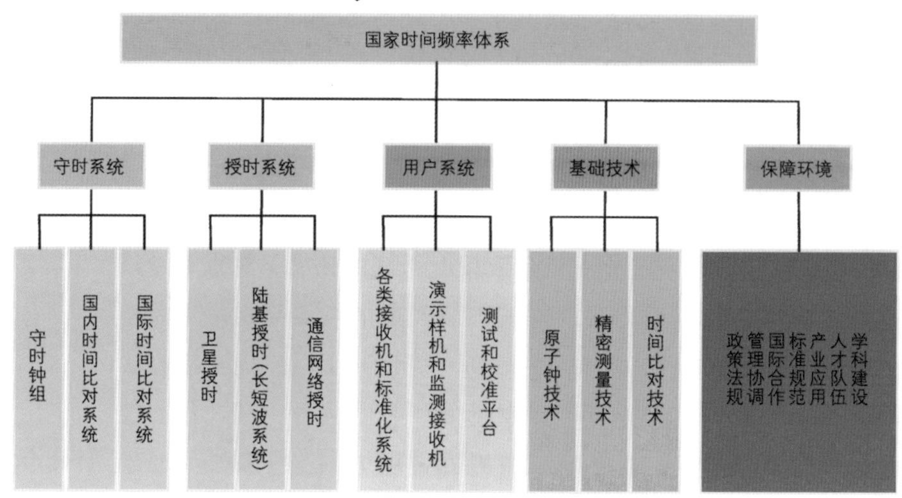

图7-11 未来国家时间频率体系

长短波授时系统在我国未来PNT（定位、导航、定时）体系中也占有重要地位，陆基长波授时导航系统将与星基北斗卫星导航系统相互补充、相互备份、相互增强，形成我国自主、完善的定位导航授时体系。

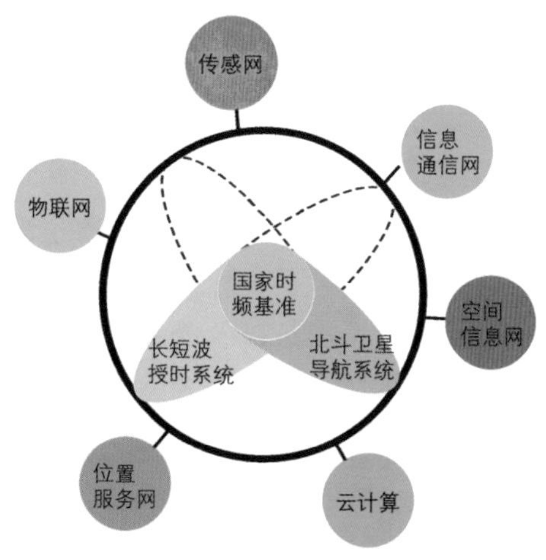

图7-12 PNT体系

时间是人们生产生活的一个基本参量，时间的应用无处不在，从吃饭穿衣、体育比赛到高精尖的卫星导航、深空探测等，都需要精确的时间。毫不夸张地说，现代社会须臾离不开时间。

时间的应用无处不在，人们为了实现竞赛中精密计时，想了许多方法。

① 导航定位：与时间结伴而行的兄弟

宇宙就是时间和空间的统一，位置和时间是人类活动的基本信息，两者在导航中结合在一起。导航是将航行体导引到目的地的技术，为了实现导航，不同的时期人们采取了不同的方法。从早期的方向判断到现在的全球卫星导航，导航的精度越来越高，使用也越来越方便，无一不与时间密切相关。

(1) 位置和时间是结合在一起的

宇宙是什么？古籍《尸子》中说："上下四方曰宇，往古来今曰宙。"《南华经》中说："有实而无乎处者，宇也。有长而无本剽

图8-1　导航要解决"我在哪""我怎么走"两个问题

图8-2　指南针是指引方向的导航工具

者，宙也。”这就是说，“宇”是无边无际的空间，“宙”是无始无终的时间。宇宙是时间和空间的集合与统一，是万物的总称，是一切物质及其存在形式的总体。在描述物体的位置时必须同时给出对应的时刻，即何时在何地。导航定位的核心是解决物体及其变化的空间位置和时间，触及世界的本质，因而成为人类长期研究和探索的最基础的问题。

导航是通过空间位置和时间的巧妙组合，解决在哪里以及如何从出发地到达目的地的一门技术，具有十分悠久的历史。

人类的生产劳作、社会交往乃至战争行动，都是导航技术发展和进步的推动力。航海时代、航空时代和航天时代的陆续开启，催生了导航技术的革命，并带动了导航产业的革命。

人类早期的生产活动需要穿越丛林、沙漠、莽原和草地，所用的导航方法是通过识别自然现象或人为标记来指引路线。日月星辰、起伏的山峦、叠起的石堆、刻痕的树木等，都是早期人类出行认路的“参考点”。随着时代的进步和人类活动范围的扩大，导航的技术方法、手段和仪器也不断丰富并日趋完善。

早在我国战国时期，就出现了“司南”这种指示方向的工具，北宋时期又发明了指南针，这些工具很快就被应用到军事、生产和日常生活当中。

导航的科学概念是从航海时代开始逐步形成的。最初，人们只能沿着海岸线航行，利用地形地物或者灯塔和航标指引方向。在离陆地很远的海面上，只能见到天上的太阳、月亮和星星，利用星盘或六分仪等仪器测量恒星或太阳的角度和方位，配合指南针等工具来确定方向和纬度，按照航向推算法进行导航。麦哲伦在1519年的环球航行中，装备有海图、地球仪、测绘仪、四分仪、罗盘、沙漏、时钟以及航海日志，凭借这些仪器装备，麦哲伦能够估算出航行方向、速度和纬度，但不能估算出经度。直到18世纪，哈里森发明了精度较高的航海钟，才实现了通过观测星体来确定准确的海上经度。自此，人类进入天文导航时代。

图8-3 使用六分仪在海上导航

20世纪初无线电发明后，如何利用无线电波进行通信和定位的探索随之开始。1906年无线电测向仪制造成功，1921年出现无线电信标，1937年船用雷达导航问世，一系列新技术的出现和使用，标志着人类进入无线电导航时代。第二次世界大战中后期，参考点在陆地上的陆基无线电导航系统得到迅速发展，第一个投入使用的陆基无线电导航系统叫作“台卡”(Decca)，目前还在使用的陆基无线电导航系统包括导航信标系统、塔康（TACAN）系统和罗兰（LORAN）系统等。

1957年10月，苏联成功发射第一颗人造地球卫星，开创了人类的太空时代。在观测这颗卫星信号的过程中，两个年轻的美国博士发现：在位置精确已知的观测站，利用测量到的卫星信号多

图8-4 机场主要使用塔康系统导航

图8-5 卫星也成为导航的工具

普勒频移数据可以确定卫星轨道；反之，如果卫星轨道已知，通过测量卫星信号的多普勒频移，就可以确定地球上接收机的位置。基于这个发现和推论，1964年诞生了第一代导航卫星系统，命名为“海军导航卫星系统”。由于卫星的运行轨道与地球子午圈重叠，该系统又被称为“子午仪”系统。

“子午仪”系统的成功应用，在美国海、陆、空三军中掀起了卫星导航热，为后续的全球定位系统（GPS）的建设奠定了基础。1973年美国正式启动GPS计划，1995年GPS具备完全运行能力，标志着一个全新导航时代的到来。美国GPS用24颗卫星实现了全球性覆盖和全天候服务，可实时动态地提供高精度的定位、导航和授时一体化服务，充分体现了航天技术的魅力和其他导航方式难以比拟的优越性。目前，世界卫星导航的格局，已经从美国GPS独霸天下，演变为美国GPS、俄罗斯“格洛纳斯”（GLONASS）、中国“北斗”（BeiDou）和欧洲“伽利略”（Galileo）四大全球导航卫星系统

（GNSS）竞相发展的局面。

各种导航系统都有自身的优缺点和适用范围，卫星导航系统与其他导航定位系统和技术的集成融合，成为今后导航技术发展的重要趋势。

（2）天文导航测量经度需要时间

在天文导航时代，需要根据对天上星象的观测确定地球表面的经度和纬度，纬度测量非常容易，晚上测量观测北极星的仰角就可以了。白天一般观测太阳最高点出现时地面观测的仰角，尽管这种观测会对人的眼睛造成伤害，但这种方法还是能用。测量经度就不一样了，人们用了上千年时间才解决了这个问题。

经度测量的复杂性是由于地球是旋转的，一个地方观测的天空，换一个时间就被转到了另外一个地方。换句话说，由于地球

图8-6 太阳最高的时间是本地时间的正午

的旋转，在同一个纬度圈上，不同经度的地方观测的天空都是一样的，只是出现的时间不同罢了，因此，采用与测纬度一样观测天象的方法是无法测量经度的。

实际上，经度测量是有窍门的，这个窍门就是时间。

人们的活动规律受到太阳的影响，根据太阳的规律人们制定出时间。早期的时间是一个地方的本地时间，每个地方都把太阳在最高点出现的时间定为正午12点。不同的经度处，正午12点不是同时出现的。

地球自西向东旋转，相应地，本地时间的正午也顺次出现。例如，A地现在是正午，由于地球旋转，很快就变成下午了，再经过晚上、上午的24小时以后，地球转了一周，这个地方又到了正午。这样，利用时间测量经度的方法就呼之欲出了。

地球每24小时自转一周，也就是360度。于是，每个小时就相当于经度的15度。只要知道两地的时间差异，就可以知道两者之间的经度差。

其实，早在公元前160年，古希腊学者喜帕恰斯就给出了测量经度的办法：只需要等到一个共同的天文事件，然后让各地的天文学家在这个事件发生时准确记下当地时间，就可以比较两地的时间差，从而得到经度差。这样，经度的测量就转化为时间的测量。举例来说，如果知道A地的正午12点正好是B地的上午6点，那么就说明A地在B地东边90度。找到这个方法以后，接下来就是确定天文事件了。人们为了寻找这些天文事件，也是绞尽脑汁，如月亮、木星、流星等都被用作过天文事件。

(3) 现代卫星导航需要时间

在导航系统中，装备最多的设备是原子钟，每一颗卫星上都要装备3—4台原子钟，地面则几乎每个观测站都配备原子钟，主控站的原子钟更是达到几十台之多。这些原子钟的时间是否都同

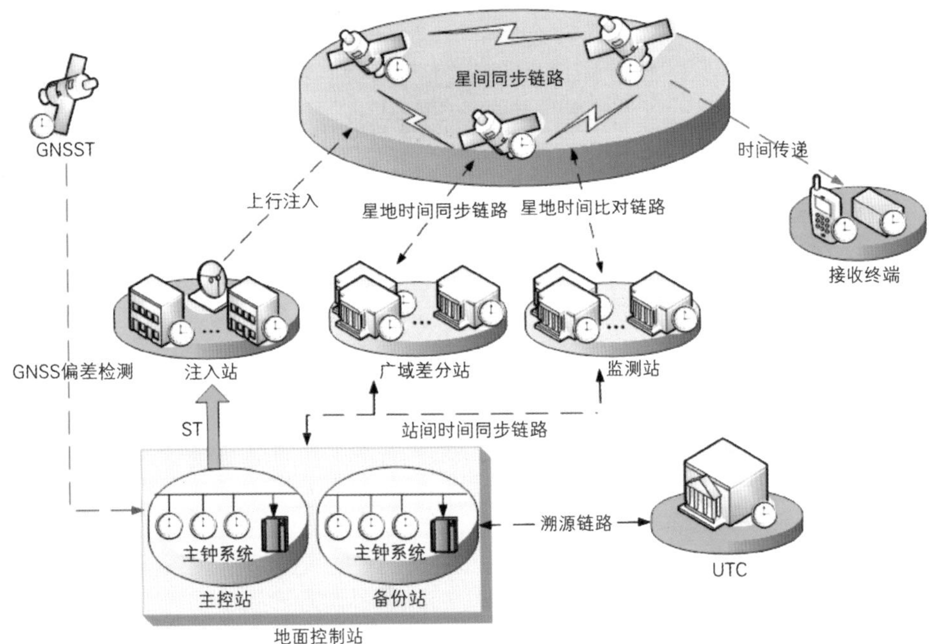

图8-7 卫星导航系统中的原子钟分布于各个地方

步到其中的一台上？答案是否定的，因为需要建立一个比每一台原子钟性能都好的时间标准，也就是说，需要建立一个系统时间，将原子钟的时间统一到系统时间。

系统时间是系统内多台原子钟平均的时间，作为卫星导航的时间参考，其性能既好于各原子钟，也符合国际上对时间的规定。

首先，系统时间能够溯源到国家标准时间或者协调世界时。美国GPS的系统时间溯源到美国国防部的标准时间UTC(USNO)，并通过国防部标准时间UTC(USNO)溯源到UTC。我国的北斗卫星导航系统的系统时间溯源到我国的标准时间UTC(NTSC)，并通过UTC(NTSC)溯源到UTC。

其次，系统时间与UTC的偏差要保持在100纳秒以内，这也是国际电联对授时系统的要求。因此，需要对系统时间进行适当的驾驭，保持偏差在规定的范围以内。

图8-8 产生UTC(USNO)的美国海军天文台

把原子钟的时间统一到系统时间，需要测量各原子钟的钟差。测量原子钟的钟差实际上就是时间传递，因为两个地方都有原子钟，将一个地方的时间传递到另一个地方就获得了两个钟的钟差，实现了原子钟的比对，有的地方将时间比对称为时间同步。在卫星导航系统中，需要的同步有三种，即站间时间比对、星地时间比对和星间时间比对。

站间时间比对是指比对外场站的原子钟与主控站原子钟的钟差。卫星双向时间传递和基于卫星导航系统的共视时间传递就是站间时间比对的方法，卫星导航系统中主要使用这两种时间传递方法进行站间时间比对。通过这种方式，实现站间原子钟的比对测量。

图8-9 星地双向时间比对

星地时间比对是指比对星上原子钟与地面原子钟的钟差。星地时间比对主要有两种方法，第一种是时间和位置已知的多个地面站观测同一颗卫星，根据观测的伪距，算出卫星的位置和钟偏差；第二种是星地双向时间比对，卫星和地面对发和对收信号，然后交换测量的伪距，计算卫星时间与地面站之间的钟偏差。

星间时间比对是指比对星上原子钟之间的钟差。星间时间比对的方法有两种，一种是多颗卫星观测同一颗卫星，计算出这一颗卫星的钟偏差；另一种方法是两颗星进行双向时间比对。

通过这三种时间比对，得到系统内任意钟之间的钟差，可以用来进行系统时间的计算，或者是分析星载原子钟与系统时间的偏差模型，使用星载原子钟来预报系统时间。

对于卫星导航系统的用户来说，系统时间是根据星载原子钟获得的，多长时间比对一次决定于星载原子钟的性能和时间比对的精度。

星载原子钟的性能主要包括稳定度和准确度两个方面。对这两个性能，处理方法并不相同。

对于星载原子钟时间的准确度，其表征的是原子钟的时间与系统时间的偏差，是可以预测的，一般通过导航电文中广播的二次函数模型进行预测，用户使用这个模型进行修正，而偏差的大小用户并不关心。由于导航电文广播的模型值的大小是受限的，在偏差过大时需要对原子钟进行物理干预，使偏差保持在一定范围内。

对于星载原子钟时间的稳定度，一般认为是受五种噪声影响的，这是随机不可预测的部分，决定了多长时间比对一次。例如，如果不考虑时间比对误差，对于秒级稳定度是10^{-10}的原子

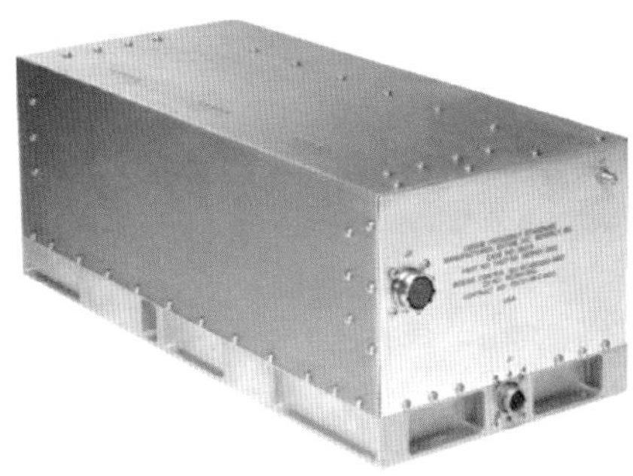

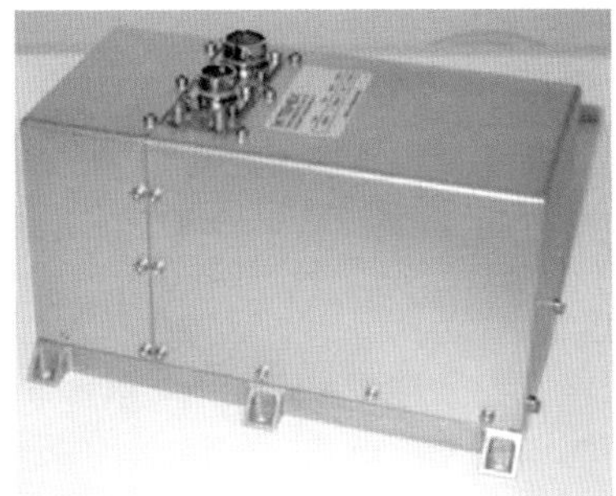

图8-10　星载原子钟

钟，估计的秒级平均频率精度约为10^{-10}，10秒后会导致时间偏差超过1纳秒，需要在10秒内同步一次，才能保证1纳秒的时间比对精度。

② 深空探测：时间拓展了探测范围

随着科技的发展，人们对星空的了解越来越多，探测的距离也越来越远。皎洁的月亮上已经留下了人类的足迹，人类的视线也越过了银河系。可是，你知道吗？时间的精度，决定着人类探索宇宙的范围。

（1）深空探测的干涉望远镜

深空探测的对象是遥远的恒星或者行星，由于距离太远，人类的足迹暂时不能达到，主要的手段是观测，这种观测通常使用望远镜的光干涉测量。

光波的干涉现象早在19世纪初就被托马斯·杨发现了。后来，麦克尔逊利用光干涉的原理成功进行了光速的测定和长度的测量，并广泛地发展了干涉仪的应用。1920年，麦克尔逊利用光波干涉原理来进行天体测量，以测出亮度很高的星球的直径。当时麦克尔逊所用的仪器原理如图8－11所示，来自远方星体的光线经过反光镜A、B以及D、C后分为两路光。如果发自光源的光是相干的，经过透镜到达屏幕时，会形成干涉条纹图案。

知识链接

干涉条纹

干涉条纹即两路光波组合到一起时，相互叠加和抵消后在屏幕上出现的明暗相间的条纹。

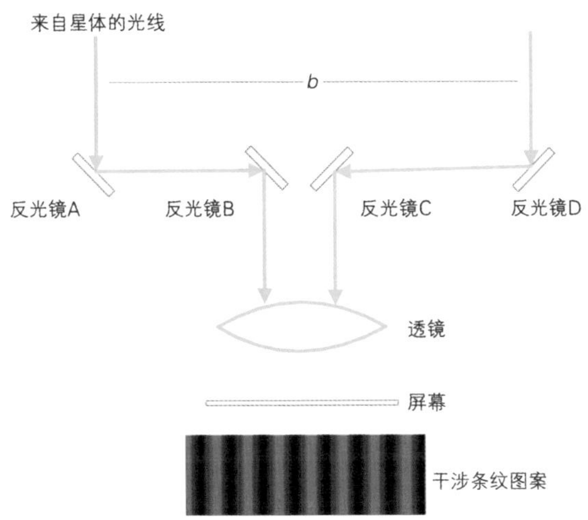

图8-11 光干涉测量示意图

如果把反光镜D向左右移动，右边的光路就改变，从而改变了两路光波相互之间的相位关系，光波的干涉条纹也会起变化。利用这个原理，我们就可以由这个变化测出反光镜D所移动的距离。

把反光镜A和D之间的距离记为b，称它为基线。为使干涉系统有较高的分辨率，就必须增长基线b，如同增加望远镜的口径可以提高它的分辨率一样。

当时麦克尔逊所用的干涉仪基线长6米多。当基线再增长时，光的干涉就变得很难维持，而且也很难校准反光镜D的位置，使它在一个光波波长的范围内，从而使光干涉测量的应用受到了限制。尽管如此，在基线长度不太长的情况下用光干涉原理测量，仍是迄今为止最精密的手段之一。

图8-12 麦克尔逊干涉仪

(2) 高精度时间把望远镜拼在一起

与光波相比，维持无线电波的干涉以及处理无线电信号要容易得多。图8—13是无线电干涉仪的原理。两个抛物面天线同时对准一个射电源，接收射电源发出的射频信号，通常是频带非常宽的信号。

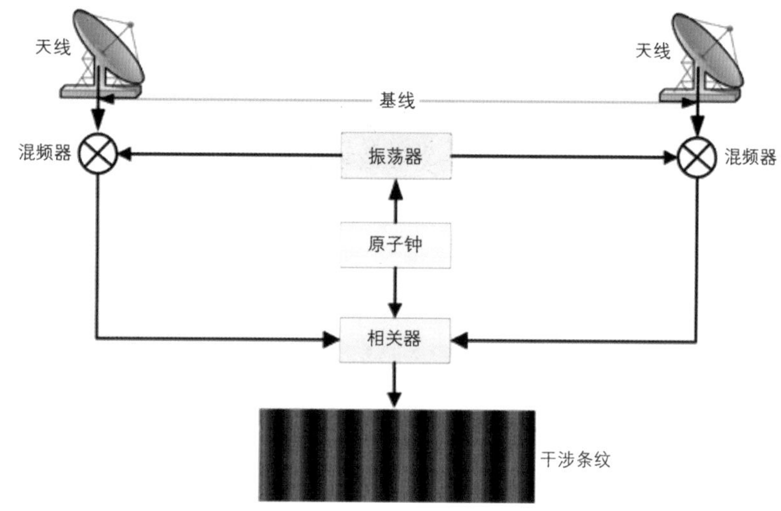

图8-13 无线电干涉测量示意图

由于两根天线相隔一定的距离，因此，其中一根天线接收到电波的时刻要比另一根天线接收到同一电波的时刻有所延迟。此外，地球在自转，基线相对于源的方向也不断改变，因而延迟时间以及两路电波的相位关系也不断随时间变化。通过对延迟及相位变化率的测量，可以推算出射电源的方位以及基线长度。

直接记录和处理宽频带信号是很困难的，通常只能用频率为f的同一个振荡器的频率与所接收的频率进行混频，输出选定频带的频率信号。振荡器的频率准确度要求较高，一般采用原子钟作为干涉系统的时钟。

由于源的初始条件未知，因此，不能利用时钟直接测定两个

图8-14　射电望远镜的天线阵

图8-15　美国甚大阵射电望远镜

信号到达的时间差，而只能用相关处理的办法来估计这个时间差。

为使干涉系统有足够的精度，要求时钟信号极为精确。即使有了精确的时钟，当基线增长（如几十千米以上）时，时钟到两测站的电缆不仅铺设有困难，而且由于温度等各种外界原因引起的电缆长度和介电系数的改变，会使时钟信号产生不可容忍的误差。有人试图用微波接力的办法来传递时钟信号，但费用很高，基线的长度仍然有限，跨海洋的基线更是无法建立。

为了进一步提高基线长度，科学家想出了不用电缆连接的甚长基线干涉。

(3) 更高精度的时间使望远镜跨越空间

甚长基线干涉测量（VLBI）是一种很有发展前途的空间大地测量新技术。顾名思义，甚长基线干涉测量的特点，就是基线可特别长，从几千米到几百万米的洲际距离。高稳定度的氢原子钟的诞生以及电子技术的发展，使得这种测量能达到很高的精度。

与无线电干涉仪相比，甚长基线干涉测量是把两测站经混频后的信号分别记录在各测站的磁带上。而且，甚长基线干涉测量不用公共的时钟，而是各测站有自己的时钟，时标信号也同时记录在磁带上。观测结束后，再将两测站的磁带送到处理系统，进行数据回放和相关处理。利用这种办法，只要能同时看到源，基

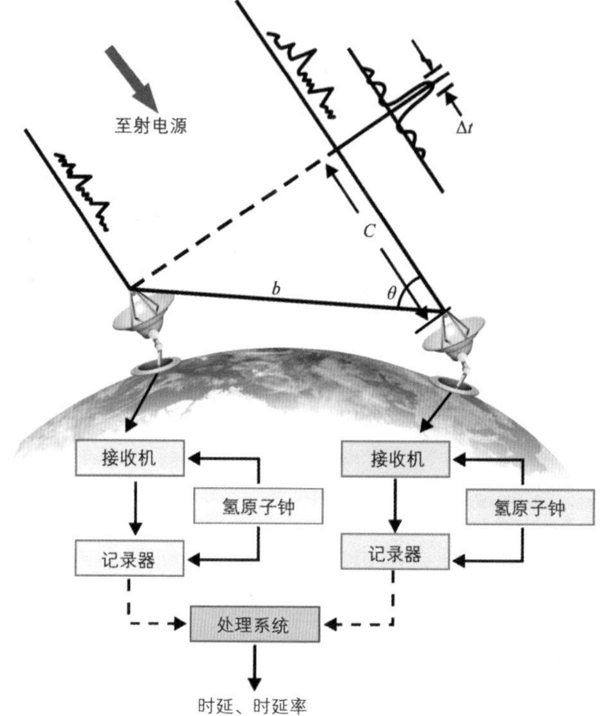

图8-16　甚长基线干涉测量的原理

线的长度就几乎不受限制。

甚长基线干涉测量的基础是时间同步和相位同步。时间同步是两个观测天线的时间一致；相位同步是接收到的频率信号的相位之间一致，实际上也是时间同步。

为了精确地测定上述时间差，要求所用设备必须具有高精度的时间标准，对于遥远星体的观测，必须有足够大的接收天线，记录的信息数据量越大，测量的精度就越高，因而必须有大容量的记录设备及相应的数据处理设备。可见，时间是甚长基线干涉测量的一个支柱。

我国建成的甚长基线干涉测量网络的天线分布在乌鲁木齐、上海等地，目的是尽量拉开相互之间的距离。甚长基线干涉测量

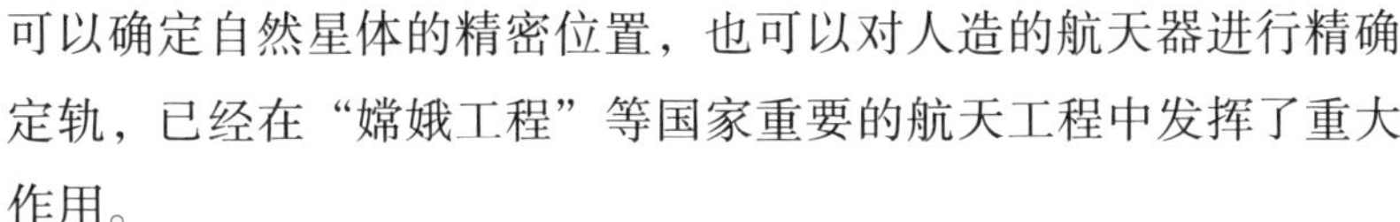

可以确定自然星体的精密位置，也可以对人造的航天器进行精确定轨，已经在“嫦娥工程”等国家重要的航天工程中发挥了重大作用。

③ 互联网：为电子文件留下时间证据

互联网为人们提供了一种新的生活方式，而以互联网为媒介的电子商务和电子政务，是依托互联网的一种新兴行业。在电子商务和电子政务中，一个商家创建的文件，经过第三方盖上时间戳，说明这个文件产生的时间，是重要的法律证据，这是时间的又一应用。

（1）时间戳为电子文件打上标签

在信息化时代，对于时间点的确认变得更加重要起来。信息技术已经提供了以电子形式存在的文档等的计算机时间，例如人们会注意到文字处理软件提供的某个文档的创建时间、修改时间、保存时间等。在日常生活中，特别是在具有很强时间界限的司法领域，对时间的正确标记极其重要。时间戳利用了权威时间源和电子签名两种技术，站在第三方的立场上，为电子信息提供时间标记。

随着我国电子商务的快速发展，相关的争端也逐渐增加，如何解决这些争端成为信息技术等行业的重要课题。采用权威时间源的时间戳技术，可以有效解决这一危机，即可以把时间戳服务中心看作第三方公证平台。而时间戳技术并不局限于应用在“信任”领域，在司法鉴定、电子证据固化、版权保护、企业知识产权、电子交易等行业都

图8-17　时间戳提供时间证据

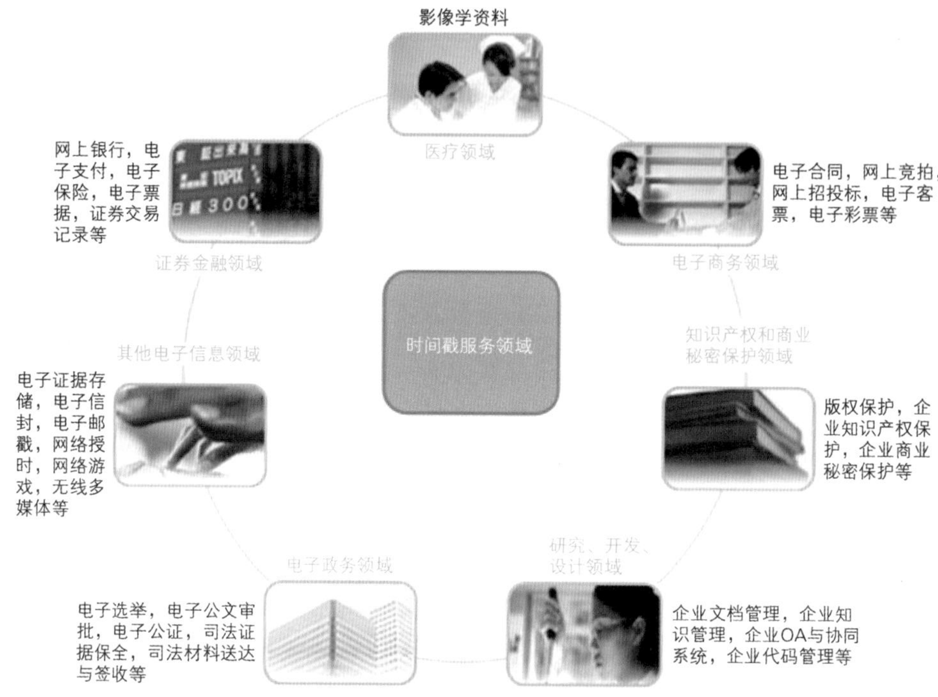

图8-18　时间戳的应用领域

可以应用，甚至在某些应用上有不可替代的作用。

(2) 时间戳在多个行业得到应用

时间戳系统由时间戳服务、时间戳监控服务两部分组成。时间戳服务为用户提供对数字文件进行加盖时间戳、验证时间戳服务。用户可以随时下载加盖过时间戳的文件所对应的时间戳文件。时间戳监控服务实时监控，时间戳服务运行状态可把当前运行状态或错误报警发送至指定的电子邮箱中。时间戳系统是一种社会公共服务平台，平台的稳定性、安全性要求非常严格。

时间戳系统需要遵循国际和国家对时间戳格式的规范要求。时间戳系统在生成时间戳时，并不需要用户的原始信息（数据），

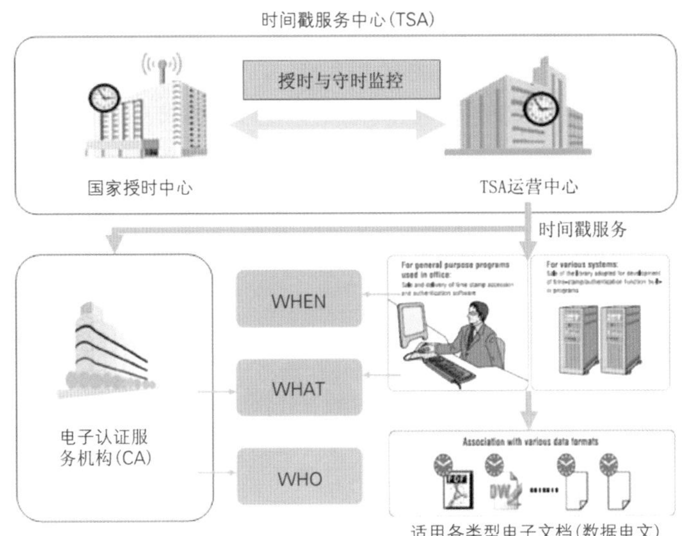

图8-19　我国的时间戳服务中心

而是只对用户的原始信息（数据）的某些关键特征（Hash值）进行时间戳签名，从而保证了用户原始信息（数据）的安全。

不同地区建立的时间戳，它们采用的数字签名证书是不同

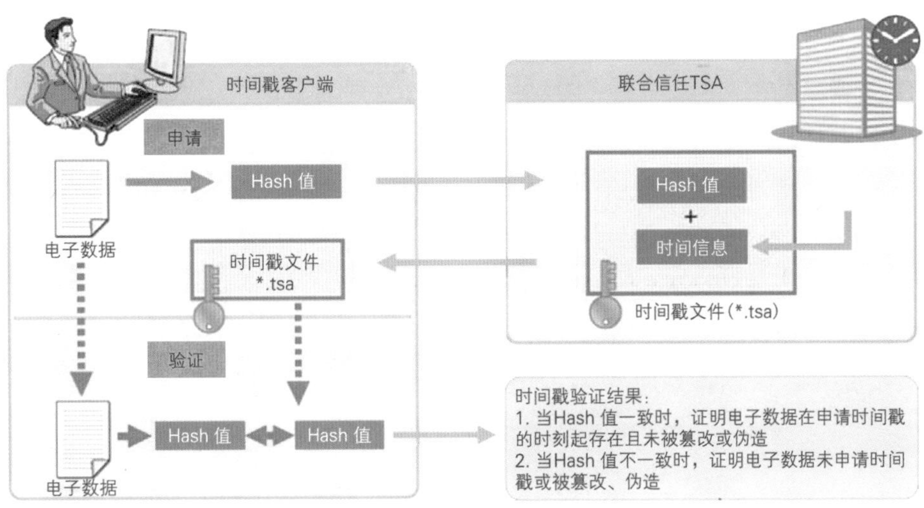

图8-20　时间戳的产生过程

的，这主要用于区别不同的时间戳服务中心。时间戳服务中心用于时间戳签名的数字证书采用树形交叉认证体系，利用交叉认证技术实现不同时间戳服务中心所产生的时间戳文件的验证。

我国的时间戳系统由北京联合信任技术服务有限公司与中国科学院国家授时中心合建，采用国家授时中心的时间源，并由时间守时系统与时间监控系统保证时间源的准确性，从而保证时间戳系统产生时间戳的权威性。

④ 电力系统：根据时间探测故障位置

现在使用最多的电是交流电，我国交流电的频率是50赫兹，这本身就与时间和频率直接相关，也可以为制作钟表提供一种周期现象。时间在电力系统中的应用远不限于此。在智能电网中，时间是至关重要的，它协调电网的有序运行，是电网故障诊断的有力帮手。

(1) 交流电的周期也是计时依据

交流电是一种周期变化的正弦波，变化频率是50赫兹，相应的周期是0.02秒，对应打下两个点的时间间隔。

交流电有固定的频率，这就给人们提供了一种周期现象，因此可以利用交流电制作时钟，即交流同步钟。交流同步钟的振动系统实际上是发电厂的发电机，钟的机芯主要是个同步电机，将电能转换为机械能，驱动指针系统运转。这种钟的走时精度受供电系统交流电源的频率稳定性的制约。

利用交流电计时的准确度取决于电网的频率。电网的频率与电量供求关系有关，电能供应比较充足时频率偏高，反之频率偏低。20世纪八九十年代，我国电网大多处在低频率运行状态，在49—49.5赫兹之间。近些年我国电网调度得比较好，频率波动的范围比较小，一般为49.9—50.1赫兹。所以，用电网的频率做时钟不可能很准，只是在精度要求不高的情况下可行。

(2) 时间协调发电站的并网

现在，交流电不再是一个发电厂和用户的“单兵作战”，而是组成一个供电网络，发电厂向网络送电，用户从供电网络中接受电流。发电厂如果不并网，会造成发电效率低，且发电质量下降。比如自己发电自己用，一旦用得少，就只能少发电；用得多，则发出的电不够，电力上下波动，造成电能质量不稳定。并网后，就不存在这样的问题了，发电多与少均可通过电网进行调剂。在电网中，时间也有很多用途。

发电厂的发电机对并网的时间要求很高，如果时间不合适，会产生很大的冲击电流，将严重损坏发电机及相关的电气设备，甚至引起系统的崩溃。

发电机在并网之前，有一个检测装置会检测发电机的频率、相位和电压。一般发电机的频率和电网频率会有偏差，这会导致相位变化，等发电机的相位与电网的相位同步了，检测装置就会发送指令，控制电闸合上，发电机并入网中，开始并网发电。在合适的时间合上电闸非常重要，如果时间选择合适，能最大限度发挥发电机的作用。

形成电网以后，发电厂向电网供电，用户使用电网提供的电，容错性大大增强。电网的发展趋势是智能电网，就是电网的智能化，也被称为“电网2.0”。智能电网实现电网运行的可靠、安全、经济、高效、环境友好和使用安全。使用智能电网的过程中，智能电网对电网可能出现的问题提出充分的告警，并能忍受大多数的电网扰动而不会断电。在用户受到断电影响之前，智能电网能采取有效的校正措施，以使电网用户免受供电中断的影响，不管用户在何时何地，智能电网都能提供可靠的电力供应。

图8-21　电厂入网前要进行时间同步

(3) 时间保证电力网络有序工作

智能电网能够经受物理的和网络的攻击而不会出现大面积停电，更不容易受到自然灾害的影响。智能电网通过在发电、输电、配电、储能和消费过程中的创新来减少对环境的影响，进一步扩大可再生能源的接入。智能电网有很多好处，而智能电网的一项关键技术就是时间同步。

智能电网以高电压、大机组、远距离输电为主要特征，它的运行监控以继电保护技术、计算机技术和通信技术为基础。电网运行情况可能瞬息万变，而且它又是分层管理的，有些电力设备的运行要靠数百千米以外的调度员指挥。因此，在全网范围内建立一个统一精确的标准时间是十分必要的，也是非常重要的。

在电力系统中，某些继电保护装置、故障录波器、事件顺序记录、实时信息采集系统、自动发电量控制（AGC）、调频与负荷控制、周波异常时间统计、电能计费系统、计算机通信网络、运行表报、雷电定位系统等都离不开标准时间。例如，在电网监控系统中，某时刻画面上某条线路两侧显示的功率数据有较大差异，除线损因素外，主要有两种原因，一种是测量传输误差，另一种是同步误差。后者主要是各装置的采样时间（脉冲）不同步，采样周期、传送周期不同而产生的。这种误差造成了在电网中某时刻线路两侧功率或发供功率不平衡的假象，会给电网调度、潮流分析带来许多麻烦。

在事件记录方面，当电网发生故障时，有关厂站需要记录开关和保护设备的动作次序。为了准确分析事故，站间事件分辨率要求达到1毫秒，这就要求主站和各场站时钟同步误差小于1毫秒。

在商业化运营系统中，为使用经济手段调峰，平衡日负荷，而采用峰、谷、平三费率电价。为保证电能质量，将考虑异常周波责任时段电价、超计划用电电价、事故支援电价等，这些分时段的阶梯计费要求在电能计费系统内有一个统一的时间标准，如果电网的时间不准，就容易引起纠纷。

图8-22　分段计费需要涉及时间

（4）时间应用于探测电力故障

首先，时间可以应用于探测电网的故障点。近几年，随着变电站自动化水平的提高，在综自变电站中计算机监控系统、微机保护装置、微机故障录波装置以及各类数据管理机应用广泛，而这些自动装置要发挥作用，需要有一个精确统一的时间。

当电力系统发生故障时，既可实现全站各系统在统一时间基准下的运行监控和事故后故障分析，也可以通过各保护动作、开关分合的先后顺序及准确时间来分析事故的原因及过程。随着电网装机容量的提高和电网的扩大，提供标准时间的时钟基准成为电厂、变电站乃至整个电力系统的迫切需要，时间的统一是保证电力系统安全运行、提高运行水平的一个重要措施，是综自变电站自动化系统的最基本要求之一。

其次，时间可以应用于探测电力线的故障点。输电线路作为能量传输的纽带，是各大型电力系统之间的联络线，也是整个系统安全稳定运行的基础。但是，由于高压和超高压输电线路分布在广大的地理区域，而且暴露于不同的环境当中，因此，这些输电线路是电力系统中发生故障最多的地方。

要排除故障，首先要找到故障点。但是高压输电线路输电距离长，沿线地理环境复杂，一旦线路发生故障，巡线人员有时需翻越崎岖山林，有时需跨越河流湖泊，这个过程不但艰苦，而且需要花费大量时间。更有甚者，有些地方地形恶劣到人迹罕至，即使出动直升机巡视，也往往受恶劣天气影响而难以实现。可以说，输电线路故障点的查找是十分困难的。

用故障录波器可以准确查找输电线路故障点位置。故障录波器是怎么判定故障点的呢？这有几种方法，现在最流行的是行波测距法，依靠时间侦察输电线的故障点。

行波，可以理解成输电线上传播的电压波和电流波，也可以看成电磁波。将输电线路看作是一个均匀分布导线，行波在沿线路传播时，所遇到的波阻抗是不变的，也没有反射。

在输电线被损坏后，故障点的阻抗也随之发生改变。电压、电流行波在线路上建立起来的传播关系被破坏，这时会有一部分

图8-23 电力系统中输电线最容易出故障

图8-24 电力线所处环境复杂

行波返回到原输电线路上，另一部分则通过连接点传至其他电路环节中，这种现象称为行波的反射和折射现象。由线路传向连接点的行波称为入射波，从连接点返回到原线路上的行波称为反射波；传播到其他电路设备上的行波称为折射波。

故障录波器探测故障点的原理是行波测距法，利用故障点产生的行波，根据行波在测量点和故障点之间往返一次的时间和行波波速确定故障点的距离。这种测距法原理简单，所用装置少，同时不受过渡电阻及对端负荷阻抗的影响，可以达到较高精度。

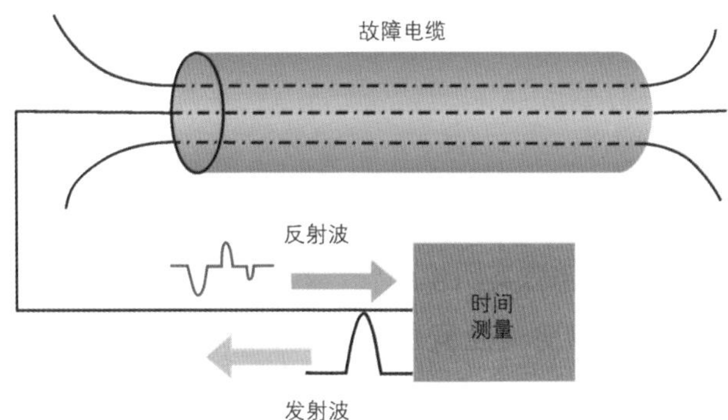

图8-25 故障录波器探测故障点的原理

⑤ 通信系统：利用时间连接用户

通信网有三大支撑网，其中之一就是时间同步网。时间同步是通信系统正常工作的基础，如果时间同步出错，就不会有正常的通信。在通信中，要先根据载波进行同步，才能提取载波上携带的信息。实际上，时间在通信中的应用远远不止于通信信息的提取。

（1）时间同步网的关键是时间

数字同步网是由节点时钟设备和定时链路组成的物理网络，为业务网络提供同步参考信号。实现业务网同步，是现代通信网络必不可少的重要组成部分，它能准确地将同步信息从基准时钟向同步网络的各个节点传递，调节网络时钟，保持同步，满足电信网络传递业务信息对传输、交换、数据的性能要求，保证通信网中各种业务的运行。

数字同步网关键部件是频率稳定度极高的时钟，在通信领域中所用的基准钟一般采用铯原子钟，二级节点时钟和三级节点时钟采用铷原子钟或晶体钟，这就是通常所称的大楼综合定时（供给）系统（BITS）。通过数据链路将时钟按一定网络结构连接起来，就组成了数字同步网。以高稳定度频率源，经过变换分配输出2兆比特/秒、2兆赫或其他信号，为通信网网元提供同步信号源。

实际上，数字同步网的关键是提供准确度和稳定度较高的频率源。但通信系统不仅仅对频率有要求，对绝对时间也有要求。现在有很多人呼吁，将数字同步网改造成时间同步网。

随着通信新技术、新业务的飞速发展，通信网带宽不断增加，传输速率不断提高，网间更加融合；随着电信市场竞争局面的形成，各通信企业都需要引进新技术提高服务质量，在竞争中

图8-26 数字同步网的时钟是分级的

求发展。电信传统业务也存在多家企业互联互通和网间结算问题，而通信业务所涉及的安全、认证及计费等，都与时间有着密切联系。可见，精确的时间对于现代通信网显得越来越重要。因此，在通信网中引入支撑网——时间同步网是完全必要的。

时间同步网与传统的数字同步网不同，数字同步网信号源没有时、分、秒这种时间概念。而时间同步网恰恰是建立起这种具有时间标志的新型同步网络。

目前，电信网中各网元使用的时间都由系统内部时钟来提供，这种时钟数量大，准确度各不相同，需要人工定期或不定期参照标准时间对内部时钟进行修正。在对系统进行修正时引入的人为误差以及系统内部时钟的质量差异引起的时间偏差，导致各网元的时间不一致。以普通台式机为例，它一天的时间偏差在0.5—1秒范围内。绝对时间在电信网中应用的目的就是通过某种方式，使通信网中有时间标记需求的各网元时钟使用同一时间参考体系——协调世界时，同时考虑到所处的时区，使各网元的内部时间保持一致，即所谓的时间同步。

由于电信网自身无法提供协调世界时，为了使电信网中各网元都能获得协调世界时，需要专门建立一个网络。通过这个网络可以获得协调世界时，并将协调世界时实时地送给电信网中各个网元，这个网络就称为时间同步网。

(2) 时间对通信网的作用巨大

在计费方面，对于固定电话网，每个通话的计费信息均由主叫局给出，包括该呼叫的主被叫号码和起止时刻。呼叫起止时刻的时间标签是主叫局交换机本身时钟的时间。当该呼叫是本地网呼叫时，计费的主叫局是主叫市话端局；当该呼叫是长途呼叫时，计费的主叫局是主叫长话局。如果市话局交换机时钟的时刻与长话局交换机时钟的时刻存在较大差异，则计费话单上就有可能出现一部话机“同时间内打两个电话”（同时打市话和长话）的矛盾记录。

在网间结算方面，多家运营商共同经营通信市场，必然存在互联互通、网间结算的问题。而且，用户要求提高服务质量，电

图8-27 时间不同步会造成“一个人同时在两个地方打电话”

话费要有计费清单。计费单位变小也是一种趋势。这些都要求计费准确性高，尤其是在不同运营商网间结算中准确性要求就更高。因此，通信设备的时间准确性就越来越重要了。

在通信网络管理方面，简单网络管理协议（SNMP）被广泛应用于计算机网络管理中。简单网络管理协议存在于集线器、桥接器、路由器等网络设备上。当这些设备出现故障或过限警告时，便会向网络管理中心（NMS）发送中断请求，网络管理中心从网络上接收到成千上万的过限中断、警告，必须按照它们的时间标签处理好它们之间的相互关系。如果这些设备的时钟出现偏差，那么它们发出的中断也会包含错误的时间。这将直接影响网络故障的判定。精确的时间对网上故障定位和查找故障原因是很有用的。

在数据通信网的安全方面，随着数据业务的快速增长，数据通信的安全受到越来越多的关注，各种认证、加密技术得到广泛的应用。带着时间标签的信息包到达接收端时由接收端以“时间窗口”来衡量该信息包的传输时延，以此判断信息是否直接来自发送者，中间有无被截获过等，以验证其安全性。认证、加密技术在电子商务、预付费、IP电话、视频会议等诸多领域有广泛应用。

图8-28 时间不同步可能造成多收费

⑥ 智能交通：时间换空间

现代交通飞速发展，将整个地球变成了地球村，极大改变了人们对时间的要求和认识，也改变了人们的时间观念。同样，时间精度的提高也推动了交通运输的进步。当今，时间在交通运输中的应用主要体现在交通管理等方面，从这种程度上说，时间在控制着交通运输的秩序。

(1) 交通的节奏与时间的精度相互促进

交通运输是最需要时间约束以维持工作效率的。现代化交通工具改变了人们对时间的要求，车站、机场都有精确到分的时刻表，以便出行的人们按照这个时间乘车、乘机。

从另一方面来说，时刻表体现了根据时间对交通秩序的管理。根据时刻表的安排，人们可以合理选择出行的时间。但是，时刻表的形成需要对列车等交通工具进行调度管理。为了进行良好的调度管理，海、陆、空各种交通方式都需按照自己的特色制定时间同步网。上述情况表明，时间可以用来约束交通的秩序，这是交通对时间的最直接需求，交通工具的速度越来越快，需要更加准确的时刻表。

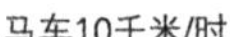
马车10千米/时

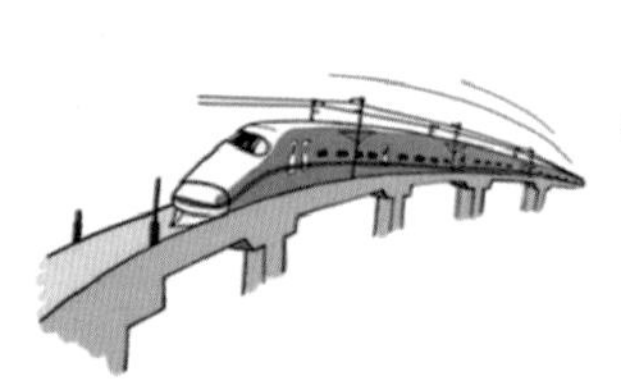

火车200千米/时

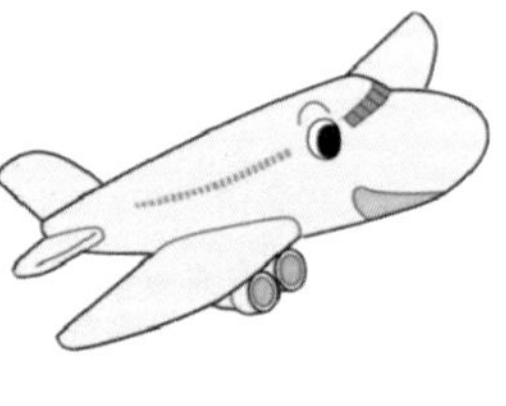
飞机1000千米/时

图8-29　交通工具速度增大要求更加精密的时间

(2) 用高精度的时间换取交通的空间

2007年11月21日，中国民用航空总局宣布，根据国务院、中央军委的决定和国家空管委的统一部署，中国民航将于2007年11月22日0时起，在我国缩小飞行高度层垂直间隔。飞行高度层的垂直间隔从600米缩小到300米，这样，飞机巡航高度层将由过去的7个增加到13个，空域容量和利用率将得到明显提高，对减少航班流量控制和航班延误具有极大的促进作用。

缩小垂直间隔，在相等的空域内可以容纳更多的飞机飞行，相当于增大了交通的空间。实际上，这个空间的增大是由时间测量精度的提高换来的。

飞机在空中飞行，靠水平和垂直间隔来保持安全运行。垂直间隔的设置与高度测量的误差是直接相关的。以飞机与地面高度的测量为例，说明飞机测量高度的方法，共有两步。第一步，塔台向飞机发送无线电信号，飞机收到信号后转发到塔台。第二

图8-30 通过时间差测量飞机的间距

步，塔台测量信号发出到接收的时间间隔，根据时间间隔判断飞机的距离。从这里可以看出，时间测量精度决定了飞机距离的测量精度。时间测量精度提高一倍，可以把两架飞机的距离缩短为原来的一半，相等的空间可以容纳更多的飞机，能大幅减少飞机航道。

不光飞机，在地面的汽车防撞系统，也依赖于时间的测量。后车向前车发射无线电信号，无线电信号碰到前车后返回，后车接收后比较发射信号和接收信号的时间差，乘以光速就得到两车的距离。如果发现距离过小，就发指令刹车，避免两车相撞。

⑦ 抗灾防灾：靠时间确定灾害位置

对自然界的各种灾害进行探测和定位是人类长期追求的目标。随着时间测量精度的提高，人们找到了新的对自然灾害进行探测的方法。

(1) 探测雷电

雷电是具有很强破坏力的一种天气现象，据有关部门统计，雷电是电力中断的头号环境因素。在美国，雷击事故每年造成数十亿美元的损失，因此雷电定位系统在美国的电力系统中得到快速发展，主要用于电力系统雷击故障点的监测、航空雷暴区和森林火灾的预警。

雷电监测可以通过实时监测闪电的发生发展情况，判断出雷暴的移动方向及速度并发出预警；可以应用于常规气象业务预报，或对一些需要重点防雷的区域进行监测预警。如为森林、航空航天、电力系统、建筑施工、风景区和娱乐场以及矿区提供雷暴的检测和预警，减少雷电带来的损失。例如，美国建立了国家闪电监测网（NLDN）和肯尼迪航天中心（KSC）发射场的雷电监

图8-31 雷电是一种自然灾害

测预警系统，综合地面电场仪、雷电探测仪的探测数据以及气象资料进行雷电预警，有效减少雷击事故的发生。我国西昌卫星发射中心也建立了雷电监测定位系统，用于实时监测、预警雷电。在雷雨季节进行发射活动时，同时利用雷电监测定位系统和地面电场仪进行雷电预警，保障了火箭发射的安全。

由此可见，建立雷电监测预警系统，具有较大的理论价值和经济效益，不仅能促进雷电科学的发展，而且能指导人们及时有效地做好雷电防护工作，减少雷电危害，为经济和国防建设提供服务。

雷电监测中，主要的方法就是使用到达时间差定位法确定雷电位置，主要原理是根据不同位置的闪电探测器接收到同一闪电发出的闪电信号的到达时间差来确定闪电的位置。

到达时间差定位需要在地面布设三个或三个以上的探测器，如图8-32的S_1、S_2、S_3三个探测器，S_1和S_2测量出闪电信号到达探测器的时间差t_{12}，乘以光速就得到距离差d_{12}，由于到达固定点的距离差等于定值的点的集合是双曲线，就可以把闪电的位置确定在以S_1和S_2为焦点的双曲线上。S_1和S_3可以确定另外一条双曲线，两条双曲线相交就可以确定闪电的位置。

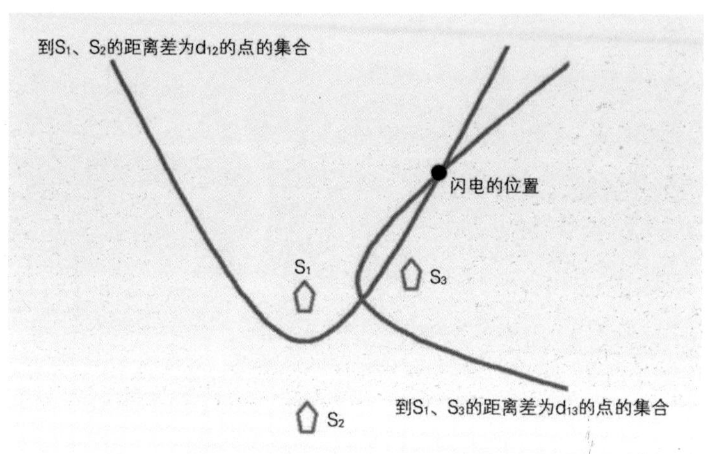

图8-32 利用双曲线确定闪电的位置

一般情况下，两条双曲线有两个交点，可以根据经验排除一个，也可以用第三条双曲线确定最后的交点。

(2) 探测地震

早在1900多年前，张衡发明的地动仪便成功探测到了陇西的地震。在1900多年后的今天，对地震的测量已经不限于地动仪的方向测量了，人们已经能准确测量出地震的位置，这依赖于时间测量精度的提高。

地震发生时，会向外传递两种波，震源纵波（P波）和横波（S波）。纵波使地表的点水平振动，在地壳的浅层以每秒约6千米的速度传播，S波使地表的点上下振动，以每秒3.5千米的速度传播。因为纵波跟横波传播的速度不同，远离震源的观测者首先会感觉到纵波水平方向的晃动，然后是横波上下的晃动，离震源越远，这个间隔就越长。

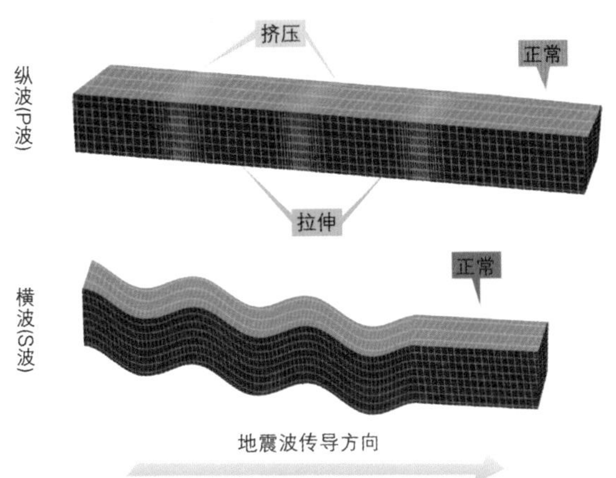

图 8-33　地震的纵波和横波

如果观测站S_1用设备测量出纵波和横波的达到时间之间的间隔，乘以纵波和横波的速度差，就可以确定震源与观测站的距离的d_1。这样，就把震源确定到了以S_1为圆心、以d_1为半径的圆上，三个圆相交，就可以测量出震源的位置。

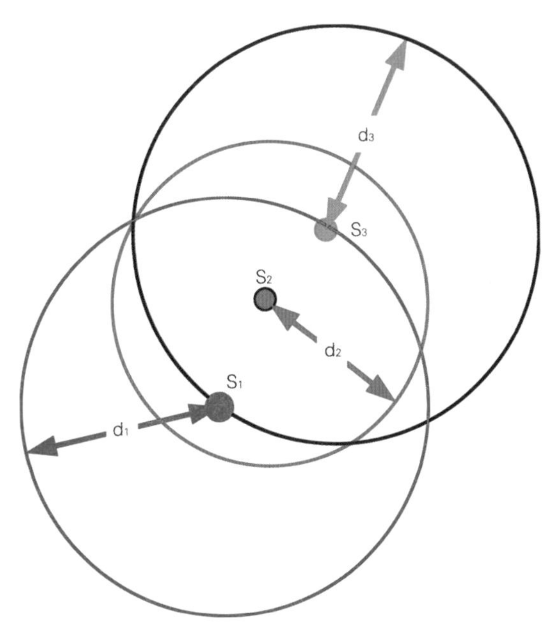

图 8-34　三个观测站可以确定震源的位置

一般的地震监测是监测自然界发生的地震，还有一种微地震监测，可以监测非常微小的地震。如在一些电影中看到一群贼挖地洞进入银行金库，偷走银行的财物。随着这类型案件的增多，很多银行就开发了微地震监测防盗系统。微地震监测技术是以声发射学和地震学为基础的一种通过观测、分析生产活动中产生的微小地震事件来监测生产活动的影响、效果及储层状态的技术，与传统地震勘探不同，微地震监测中震源的位置、震源的强度和地震发生时刻都是未知的，确定这些未知因素正是微地震监测的首要任务。作为基于地球物理发展起来的一种可以对岩石微断裂发生位置进行有效监测的技术，微地震监测技术已经被广泛应用于矿山动力灾害监测、水力压裂等领域。

微地震监测利用的就是时间测量，通常采用P波定位，原因是P波在岩体中传播速度最快而且易于识别。采用此法定位时，假设岩层是均匀速度模型，P波传播速度为已知，同时要在至少四个以上不同地点布设监测台站。S_1、S_2、S_3、S_4为四个监测点，P点为震源的位置，d_1、d_2、d_3、d_4为震源点和监测点之间的距离。通过计算可以确定震源的位置。

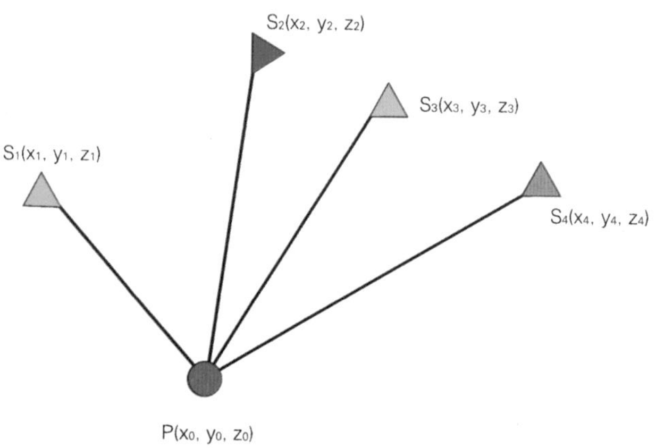

图8-35　四个观测站可以确定震源的位置

⑧ 竞技体育：提高计时精度

深空探测、通信导航等高技术领域需要高精度的时间，这是很容易理解的，但别忘了，时间就在我们身边。通常，运动项目都涉及计时。在奥运会上，曾经出现钟表满足不了计时需要的例子。人们为了实现竞赛中的精密计时，想了许多方法。

在第一届奥运会上，长跑比赛项目只有名次而没有成绩。为什么会这样呢？因为当时人们使用的计时器极限是30分钟，超过30分钟的时间就没有办法记录。

体育比赛中的时间要求虽然不能与某些科学实验、工程项目中要求的纳秒、皮秒相比，但对时间的要求也是比较高的。下面以赛跑为例来说明。

先说起跑，早期的比赛由发令枪控制运动员起跑。裁判员站在跑道的一侧，扣动发令枪，运动员听到枪响以后，迅速起跑，向终点飞奔而去。这是早期径赛的场景，现在已经不实用了。现在赛跑运动员的比赛成绩可能只相差0.01秒，这个时间有多短？声音在空气中的传播速度是334米/秒，0.01秒声音能传3.34米，跑道宽度按照10米来计算，声音需要3个0.01秒才能从一侧传到另一侧，这种发令起跑方式会严重影响运动员的成绩。现在的赛跑都使用电子起跑器，起跑器后面有一个喇叭，发令枪的声音通过电信号传到运动员后面，由扬声器发出声音，这样才能保证每个运动员可以同时听到声音。

图8-36　发令枪

图8-37　起跑器上装有小喇叭

在终点的计时裁判也很重要，早期的竞赛，在每个跑道的终点，都有一个计时员掐秒表计时。计时员看到发令枪的烟雾开始计时，等运动员到达终点终止计时。这也是奥运会早期举行时的计时方式。然而，这种计时方式同样会影响运动员的成绩。后来，人们采用照相的方式，在运动员到达终点的一刻用高速相机拍照，根据照片确定哪个运动员先到终点。利用照片确定运动员比赛成绩的做法虽然有效，但成绩出来的速度太慢。这种方法很快遭到淘汰。后来，人们发明了更高级的计时工具。

图8-38 秒表计时已经是几十年前的技术

图8-39 用照片寻找第一个到达终点的人

这种计时工具非常先进，自动化程度很高。在发令枪响的同时，电信号就控制终点的计时装置启动，运动员的鞋上也装有无线识别标签，当运动员超过终点线后，电子计时器自动停止，记下运动员的成绩。游泳、自行车、滑雪等需要精密计时的运动，都可以采用这种装备，准确地记录每个运动员的成绩。

长短波授时系统大事记

20世纪50年代　中科院紫金山天文台徐家汇观象台承担短波授时任务，呼号BPV。

20世纪60年代　国家批准建设西北授时台，工程代号“326工程”。

1970年　短波授时系统建成，中国科学院陕西天文台成立，周恩来总理批示开始试播，呼号BPM。

1981年　BPM短波授时台正式承担我国短波时号发播任务。

1979年　小长波台开始每天定时发播，呼号BPL。

1981年　我国独立的原子时系统建成，并参加国际原子时系统。

1984年　长波授时台模型彩车参加国庆35周年庆祝游行。

1987年　BPL长波授时台通过国家级技术鉴定，正式承担我国长波授时服务。

1988年　“长波授时台的建立”获国家科学技术进步奖特等奖。

1998年　短波授时台台址由唐陵山搬迁至陕西天文台蒲城授时部工作区。

2001年　中国科学院陕西天文台更名为中国科学院国家授时中心。

2005年　中国区域定位试验系统（CAPS）建成，并通过联合验收。

2007年　商丘低频时码授时台建成，呼号BPC。

2007年　与企业合作建立我国数字时间戳服务系统。

2009年　BPL长波授时系统现代化改造项目完成。

2013年　BPM短波授时台发射机更新改造完成。

2014年　数字时间戳服务中心（西安站）建设完成，并对外提供时间戳服务。

2015年　初步建成转发式卫星导航试验系统，长短波授时系统应用得到拓展。

图书在版编目（CIP）数据

北京时间：长短波授时系统 / 李孝辉，窦忠，赵晓辉主编. -- 2版. -- 杭州：浙江教育出版社，2018.5(2019.6重印)
（中国大科学装置出版工程）
ISBN 978-7-5536-7310-3

Ⅰ. ①北… Ⅱ. ①李… ②窦… ③赵… Ⅲ. ①时间服务一中国 Ⅳ. ①P127.1

中国版本图书馆CIP数据核字(2018)第078714号

策　　划　周　俊　莫晓虹
责任编辑　江　雷　　　责任校对　戴正泉
美术编辑　韩　波　　　责任印务　陈　沁

中国大科学装置出版工程
北京时间——长短波授时系统
ZHONGGUO DAKEXUE ZHUANGZHI CHUBAN GONGCHENG
BEIJING SHIJIAN——CHANGDUANBO SHOUSHI XITONG

李孝辉　窦　忠　赵晓辉　主　编

出版发行　浙江教育出版社
　　　　　(杭州市天目山路40号　邮编:310013)
图文制作　杭州兴邦电子印务有限公司
印　　刷　杭州富春印务有限公司
开　　本　710mm×1000mm　1/16
印　　张　14.75
插　　页　2
字　　数　297 000
版　　次　2018年5月第2版
印　　次　2019年6月第5次印刷
标准书号　ISBN 978-7-5536-7310-3
定　　价　45.00元

网　　址　www.zjeph.com
如发现印、装质量问题，请与承印厂联系。
联系电话:0571-64362059